Jo-Rosie Haffenden

Dog Yoga

Hunde mental und
körperlich stärken

www.dogbooksonline.co.uk

Impressum:

Titel der englischen Originalausgabe: The Real Dog Yoga

Aus dem Englischen übersetzt von Gisela Rau

ISBN
978-3-95464-036-2

Alle Fotos einschließlich Titelbild: John Daniels

Widmung

Für Archie, meine Muse.
Für Ella, meine Prinzessin.

Für meine Mutter und meinen Vater, meine Leuchtfeuer.

Für David, meine Inspiration.

Mit Dank an Ry and Claire für die Hilfe auf meiner Reise; an Ethan und Faith dafür, dass ihr so wunderbar seid und an Hanna, Rach und Amy für all die ständige Unterstützung.

INHALT

VORWORT

Ich habe das Vergnügen, Jo-Rosie Haffenden und ihren erstaunlichen, außergewöhnlichen Pit Bull Terrier Archie schon länger zu kennen und wir haben über die Jahre immer wieder Gedanken und Ideen miteinander ausgetauscht. Als Jo-Rosie mich um dieses Vorwort bat, nutzte ich sofort die Chance, einen ersten Blick in ein entstehendes Buch zu erhaschen, von dem ich wusste, dass es toll werden würde.

Ich hatte gedacht, dass ich meinen Beitrag sicher ein paar Tage, nachdem ich den Ausdruck bekommen hatte, fertig haben würde – aber da lag ich falsch. Dieses Buch schlug mich ab dem Moment, als ich den ersten Abschnitt gelesen hatte, in seinen Bann. Ich fühlte mich ganz und gar hineingezogen und meine Begeisterung wuchs mit dem Lesen jeder weiteren der schön gestalteten Seiten. Ich konnte es nicht weglegen und kämpfte um die richtigen Worte, um es so zu würdigen, wie es ihm zukommt.

Als jemand, der ebenfalls mit Hunden arbeitet, weiß ich zu gut, wie wichtig es ist, beim Training unserer vierbeinigen Freunde mit ruhigen und nicht-invasiven Techniken zu arbeiten, die flüssige, ausbalancierte Bewegungen fördern, alte Anspannungsmuster auflösen und das parasympathische Nervensystem aktivieren, sodass Lernen stattfinden kann. Jeder Abschnitt dieses tollen Buchs blieb bei mir hängen. Es ist durch und durch brillant, regt zum Nachdenken an und ist einfach nur erfrischend zu lesen.
Jo-Rosie erkennt die untrennbare Verbindung zwischen Körperhaltung und Verhalten, und sie versteht und berücksichtigt, wie Hunde lernen.

Sie teilt ihren Erfahrungsschatz auf eine Art und Weise, die Hundehalter dazu inspiriert und ermutigt, das wahre Potenzial ihrer Begleiter zu entdecken – über durchdachte Verbindungswege, die zu weitreichenden Verbesserungen führen werden. Ihr Buch verhilft zu mehr Gelassenheit in einer hektischen Welt und ermöglicht Haltern den Aufbau einer ruhigen, friedlichen und harmonischen Beziehung zu ihren vierbeinigen Freunden, die auf tiefem Verständnis, Geduld, Respekt und großer Freude beruht.

Bei Dogyoga geht es nicht um „Training" oder darum, einen Hund zum Mitmachen bei sinnlosen und/oder potenziell belastenden Aktivitäten zu zwingen, die nur dem eigenen Vergnügen dienen. Es geht um Bildung im wahrsten Sinne des Wortes und um das Vermitteln von Lebensfähigkeiten – Fähigkeiten, die jedem Hund nutzen, egal wie alt er ist oder was erlebt hat. Es erinnert die Halter daran, immer die Augen dafür offen zu halten, was möglich ist und befreit Menschen wie Hunde von Begrenzungen.

Dies ist ein außergewöhnliches Buch, das neue Dimensionen zu unserem bestehenden Wissen und zu unseren Fähigkeiten hinzufügen wird, egal, wie groß diese schon sind – und es ist eines, das ein wunderbares, nachsichtiges und tolerantes Wesen ehrt – den Hund.

Sarah Fisher

Sarah Fischer ist TTouch®-Instruktorin und Verhaltensberaterin. Sie hat mit Linda Tellington Jones und Robyn Hood gearbeitet und organisiert die TTouch®-Ausbildungen in Großbritannien. Sie arbeitet seit über 17 Jahren mit Tieren und bildet die Tierpfleger vieler großer Tierheime in England aus, darunter Battersea Dogs and Cats Home, Mayhew Animal Home, Blue Cross, Wood Green Animal Shelter und Dogs Trust. Sie referiert und leitet internationale Workshops und ist regelmäßige Dozentin im Ausbildungsprogramm des Dogs Trust International.

Sarah ist Autorin von Unlock Your Dog's Potential (dt. Anti-Stress-Programm für Hunde) sowie neben Marie Miller Co-Autorin der in mehrere Sprachen übersetzten Bücher *100 Ways to Train the Perfect Dog* und *100 Ways to Solve Your Dog's Problems*.

DIE HUNDE

MARLEY

Rottweilermix Marley kam mit sechs Monaten aus dem Tierschutz zu seinen neuen Besitzern. Leider hatte er Probleme mit territorialer Aggression und war gegenüber manchen fremden Menschen angstaggressiv. Mit Dogyoga kann Marley sich deeskalieren, wenn er sich gestresst fühlt. Das hat seine Angst vor fremden Menschen verringert und damit auch sein Bedürfnis, seinen eigenen Raum zu verteidigen.

NORA

Nora kam mit acht Wochen als süßer Borderterrier-Welpe ins Haus. Sie liebt ihren Besitzer sehr und hatte einige Bindungsprobleme, die zu Trennungsangst führten. Jetzt hat sie einen Gassigeher, der dafür sorgt, dass sie bekommt, was sie braucht. Mit Dogyoga kann sie ihren Stress senken, wenn sie alleine ist und entspannt bleiben.

ALFIE

Alfie ist ein kleiner Chihuahuamix. Er kam mit acht Wochen, leider aber auch schlechten Erfahrungen mit anderen Hunden in sein neues Zuhause, sodass er Angst vor fremden Hunden hatte. Dogyoga half Alfie, entspannter in Situationen mit anderen Hunden hineinzugehen und sich selbst zu beruhigen, wenn er sich ängstlich fühlte. Seine Besitzerin berichtet außerdem, dass er im Fall von Unsicherheit mehr Beschwichtigungsgesten gegenüber anderen Hunden zeigt, seit sie diese unter Signal gesetzt hat.

BUBBLES

Bubbles ist ein Kooikerhondje-Mix und kam mit 12 Monaten aus dem Tierschutz, nachdem sie sehr früh als Zuchthündin missbraucht und mit ihren Welpen im Zwinger allein gelassen worden war. Bubbles ist sehr ängstlich, aber auch sehr schlau! Sie hat Angst vor fremden Hunden und Menschen, auch mit neuen Situationen und Orten kann sie nur schlecht umgehen. Ihre Besitzerin nutzt Dogyoga, um ihre Angst in neuen Situationen und bei Begegnungen mit neuen Hundefreunden zu verringern.

LILY

Lily ist ein Mix aus Saluki und Greyhound und fand ihr Zuhause aus dem Tierschutz heraus mit 11 Wochen. Im allgemeinen ist sie sehr gelassen und entspannt. Sie hat keine Verhaltensprobleme, leidet aber mit jetzt 11 Jahren unter der ein oder anderen Steifheit. Dogyoga lockert ihre Gelenke und hilft ihr, in Topform zu bleiben!

RALPH

Ralph ist ein American Bulldog-Mix aus dem Tierheim. Er leidet unter Frustrationsproblemen und zeigte außerdem Ressourcenbewachung. Ralph hatte zudem erhebliche Gesundheitsprobleme, was dazu führte, dass er zeitweise nur wenig Bewegung hatte und auf Spaziergängen stets angeleint sein musste. Sein Besitzer nutzt Dogyoga, um ihn geistig auszulasten und aus Schwierigkeiten herauszuhalten!

BENJ

Benji ist ein 16 Wochen alter Stafforshire Bull Terrier – Mix. Er lernt gerade erst Dogyoga, um ein paar kleinere Angststörungen zu bekämpfen, die er aus dem Tierheim mitgebracht hat.

JACKSON

Jackson ist ein arbeitender Collie, der aber mit im Haus lebt. Er ist sehr schlau und braucht viele Anreize, um zufrieden zu sein. Er tritt manchmal auch im Fernsehen auf und kam schon in mehreren Zeitschriftenbeiträgen vor. Wir sind immer auf der Suche nach Dingen, die ihn geistig auslasten. Dogyoga hilft ihm außerdem auch in stressigen neuen Situationen.

ELLA

Ella ist ein sehr energiegeladener Magyar Vizsla. Sie ist schlau, aber auch schnell frustriert. Als Ergebnis ihres triebigen Wesens und ihrer Frustration sowie ihres zarten Alters von 11 Monaten hat sie nur wenig Impulskontrolle. Wir haben Dogyoga eingesetzt, um ihr zuhause mehr Ruhe beizubringen, sich besser zu konzentrieren und ihre starken Triebe zu kontrollieren, die sie nur zu schnell in Schwierigkeiten bringen können!

ARCHIE

Archie ist ein Pitbull Terrier, dem als Welpe leider die Ohren abgeschnitten wurden. Er kam mit sechs Monaten zu mir und litt an extremer Frustration und Angst. Archie inspirierte die gesamte Methode des Dogyoga, da er mit dem Druck des konventionellen Hundetrainings nicht umgehen konnte. Dogyoga hat sein Leben verändert! Heute ist er in der Lage, glücklich mit Ella und einer Katze zusammenleben zu können, gern neue Leute kennenzulernen und spannende neue Orte zu entdecken!

EINLEITUNG

Geduld ist eine Tugend – im Hundetraining ist sie unverzichtbar. Die große Mehrheit der Aufgaben, die mit dem Zusammenleben mit Hunden zu tun haben, findet übereilt statt. Viele häufige Trainingsprobleme würden verringert oder gar gelöst, wenn wir uns für alles, was wir mit unseren Hunden tun, einfach doppelt so viel Zeit nehmen würden.

Wenn Sie einen Hund haben, ist Ihre erste Lektion: Setzen Sie sich ruhig hin und schauen ihm eine halbe Stunde lang zu. Ihre zweite Lektion: Setzen Sie sich in den Park oder auf eine Wiese und beobachten ihn eine weitere halbe Stunde lang. Wetten, Sie lernen in dieser Stunde mehr als in jeder Hundeschul-Stunde? Lernen Sie als Erstes, in Gegenwart Ihres Hunde still und leise zu sein: Seien Sie unsichtbar. Beobachten, hören und sehen Sie, wie Ihr Hund ungestört mit seiner Umwelt umgeht.

Der „unbearbeitete Stein" im Taoismus (eine Übersetzung des chinesischen „Pu") meint einen Zustand des reinen Potenzials, die Beschaffenheit des Geistes vor der Einmischung von Kräften. Unsere Hunde beginnen ihr Leben genau wie wir als unbearbeitete Steine. Wir müssen studieren, wer sie sind und ihnen dann dabei helfen, ihr Potenzial so zu formen und zu erreichen, dass wir mit der Natur arbeiten anstatt gegen sie – und ohne Kraft und Zwang.

Die Vorstellung von Handstand machenden oder die Pfoten kreuzenden Hunden erscheint in der Tat komisch, aber uns geht es bei der Betrachtung von Yoga für Hunde um spirituelle, mentale und körperliche Zielsetzungen. Im Lehrprozess sieht diese Disziplin eher wie eine Mischung aus Dressurreiten, Obedience und Tricktraining für Hunde aus.

Derzeit gibt es einen unguten Trend, dass Menschen zusammen mit ihrem Hund Yoga machen. Diese „Doga" getaufte Methode ist eine sehr unglückliche Modeerscheinung. In der Regel werden die Übungsstunden von Yogalehrern abgehalten und die Teilnehmer bringen ihre Hunde mit. Die Idee dabei ist, dass die Hunde bei ihren Besitzern auf der Yogamatte bleiben und in bestimmte Übungen mit einbezogen werden. Doga zielt eher auf kleine Hunde ab und in den Kursen, bei denen ich zugeschaut habe, gab es vor allem Minihunde, die leicht zu halten und tragen sind. Zu den Übungen gehörten Dinge wie:

- Der Besitzer hält seinen Hund hoch in die Luft, oft ohne Unterstützung für die Wirbelsäule.
- Der Hund wird auf den Rücken gedreht und der Besitzer hängt über ihm.
- Er wird auf den Rücken seines Besitzes gepflanzt und ist gezwungen, dort sein Gleichgewicht zu halten, falls er nicht abspringt.

All das hat rein gar nichts damit zu tun, den Hunden den mit den mentalen und körperlichen Übungen des echten Yoga verbundenen Nutzen zukommen zu lassen, sondern ist einfach nur eine Zwangsübung, die Hunde erniedrigt und die Besitzer in den Irrglauben führt, sie würden etwas zur Stressminderung tun – dabei ist genau das Gegenteil der Fall. Traditionelles Yoga kann man als „das zur Ruhe bringen wechselnder Geisteszustände" definieren. Der Begriff „Yoga" tauchte erstmals in der Hinduschrift Katha Upanishad auf und bezog sich auf das Erreichen einer beständigen Kontrolle über die Sinne. In der modernen westlichen Industriewelt betrachtet man Yoga eher als Sportprogramm denn als Weg zu einem höheren Bewusstsein. Dabei wird jeder, der einmal Yoga gemacht hat, zustimmen, dass es nicht nur körperlichen, sondern auch geistigen Nutzen bringt. Yoga hilft Gesundheitsprobleme zu lindern, Muskelkontrolle zu verbessern, Stress zu mindern und positives Körperbewusstsein zu verbessern.

Charles Darwin äußerte 1872 zum ersten Mal die Idee, dass Gefühlsreaktionen beeinflussen, wie wir fühlen. „Der freie Ausdruck äußerer Anzeichen eines Gefühls intensiviert dasselbe", schrieb er. Die Wissenschaftsgemeinde unterstützt diese Theorie und es ist klar, dass der Ausdruck eines Gefühls das Verhalten steuert – wobei intensivere Gefühlsreaktionen zu intensiverem Verhalten führen.

Seit Neuestem haben wir die Technologie, auch in das wache Hundegehirn zu schauen und zu erforschen, was im Inneren dieser mysteriösen „Blackbox" vorgeht. MRT-Studien an Hun-

Im Gegensatz zum „Doga" entscheiden sich die Hunde im Dogyoga zum freiwilligen Mitmachen bei Positionen, die die Mensch-Hund-Bindung stärken.

den, die gelernt hatten, freiwillig in die MRT-Röhre zu gehen und im Wachzustand dort zu bleiben, brachten viele spannende, wenn zum Teil auch etwas vorhersehbare Ergebnisse. Wenn wir das menschliche Gehirn betrachten, können wir anhand der Aktivität des Nucleus caudatus Präferenzen vorhersagen. Gregory Berns, Professor für Neuroökonomie an der Universität Emory, fand heraus, dass für Hunde das Gleiche gilt. Wenn ein Handsignal Futter ankündigt oder der Besitzer in den Raum zum Hund zurückkommt, deutet Aktivität in diesem Hirnbereich auch auf positive Gefühle hin. Zusätzlich können wir den Spiegel von Hormonen wie zum Beispiel Oxytocin messen, das wir ausschütten, wenn wir Zuneigung empfinden. Oxytocin ist auch bei Hunden nachweisbar, was uns zu der begründeten Annahme führt, dass Hunde tatsächlich Liebe empfinden können und wissen, wenn sie geliebt werden.

Psychologen an der Universität von Cardiff in Wales sind der Theorie nachgegangen, dass unser Körperausdruck unsere Gefühle beeinflusst. Ihre Studien ergaben, dass Menschen, deren Fähigkeit zum Stirnrunzeln durch Botox vermindert wurde, im Durchschnitt glücklicher sind als die, die ihre Stirn runzeln können. Die Idee, dass nicht nur die Umgebung, sondern auch Körperhaltung und –ausdruck den Gefühlszustand beeinflussen können, ist etwas, das ich in den 29 Jahren, die ich bisher mit Hunden verbracht habe, auch bei ihnen beobachten konnte.

Caniden kommunizieren, wie viele Säugetierarten, vorwiegend über verschiedene Körperhaltungen. Genau wie das Lächeln oder Stirnrunzeln beim Menschen scheinen diese Haltungen das parasympathische Nervensystem zu stimulieren, welches auch für die Ausschüttung der glücklich machenden, positiven und beruhigenden Stoffe beim Ruhen/Verdauen oder Fressen/Fortpflanzen verantwortlich ist.

Dogyoga versucht, Sequenzen dieser positiven und beruhigenden Körperhaltungen zu trainieren und sie anschließend in bestimmten Abfolgen zu praktizieren, um die Gesundheit von Körper, Geist und Gefühlsleben und vor allem die Ruhe zu fördern.

Beim Dressurreiten zeigt das Pferd ein vorbestimmtes Spektrum beeindruckender Bewegungen, die nicht nur schön aussehen, sondern auch von einer unglaublichen Muskelkontrolle und oft einem bewundernswerten Dialog zwischen Pferd und Reiter zeugen. In der Welt des Hundesports haben wir Dogdancing, aber es ist ganz und gar nicht das Gleiche wie Dressurreiten. Dogdancing zeigt Disziplin und ein hohes Trainingsniveau, aber es ist für den Hund hochgradig erregend, oft frustrierend und trägt nichts dazu bei, Ruhe oder Kontrolle der Sinne zu bestärken, wie Yoga es für Menschen bewirkt und wie Dressurreiten es für Pferde bewirken kann.

Es gibt keinen Grund dafür, warum nicht auch Hunde die Vorzüge des Ruhe-Trainings genießen sollten, so wie wir, wenn wir Yoga machen. Das kann aber nicht von unwissenden Menschen erreicht werden, indem sie Hunde in Haltungen und Positionen zwingen, sondern muss mit allergrößtem Respekt und mit Würdigung des Hundes als fühlendem Wesen geschehen.

Im klassischen Yoga (für Menschen) gibt es 84 Asanas. Im Dogyoga gibt es 30 Haltungen, 15 Ausdrücke und 10 Aktionen. Es gibt auch noch schwierigere Haltungen für Fortgeschrittene, aber in diesem Buch geht es darum, Hunde in Muskelkontrolle, Körperbewusstsein, geistiger Konzentration und auch Impulskontrolle zu trainieren. Diese Basisübungen sind dazu gedacht, Stress zu mindern, Beweglichkeit und Flexibilität zu erhöhen und die Gesundheit von Körper und Geist zu fördern. Dogyoga kann außerdem die Mensch-Hund-Bindung erheblich verbessern und einen Dialog zwischen Besitzer

Ella zeigt einen Diener, der ihren Rücken dehnt, ihr Körperbewusstsein steigert und sie lehrt, freundlich zu sein.

Archie lernt, seine Pfoten auf Signal zu kreuzen. Das verfeinert seine Fähigkeit, auf seinen Halter zu achten und genaue Verhalten auszuführen.

und Hund in Gang bringen – über eine befähigte, ruhige und freiwillige Art des zwangsfreien Lernens.

WARUM YOGA FÜR HUNDE?

Unsere Erwartungen an Hunde waren nie höher als heute. Wir erwarten von ihnen, dass mit jedem anderen Hund, jeder Katze, jedem Baby und jeder Person klarkommen, die sie treffen. Sie sollen melden, wenn Fremde ans Haus kommen, aber den Briefträger nicht anbellen. Sie sollen perfekt an der Leine gehen, auf Zuruf kommen, ihre Nase einsetzen, wenn wir es wollen, aber den starken Markierungsduft eines anderen Hundes ignorieren, wenn wir es gerade eilig haben. Sie sollen ruhig und unaufdringlich sein, aber dann, wenn wir es möchten, verspielt, und sie sollen nur auf den Dingen herumbeißen, die wir ihnen geben. All das wird von einer Spezies erwartet, deren Überleben von Plündern, der rechtzeitigen Wahrnehmung von Gefahren und Bedrohungen über den Geruch abhing, die ihre Zähne durch Kauen auf Gegenständen schärfen musste und die in einer sozialen Gruppe lebte.

Eine Leine zum Beispiel ist für einen Hund etwas rein Willkürliches, genauso wie übrigens eine Hundetoilette, ein Clicker, ein Sofa oder das Wort „Sitz“ – und doch erwarten wir, dass Hunde diese Gegenstände, Materialien und Worte verstehen. Ich sage nicht, dass wir unsere Erwartungen an diese kluge, emotional intelligente und hochgradig anpassungsfähige Spezies herunterschrauben sollten. Aber wir

Hunde kommunizieren ständig über ihre Körpersprache.

schulden es unseren vierbeinigen Begleitern zumindest, ihnen eine Idee davon zu vermitteln, was wir von ihnen möchten und eine gewisse Zeit damit zu verbringen, ihnen zuzuhören. Denn sie sprechen die ganze Zeit, wenn auch nicht in Worten.

WELPEN

Gewohnheitsgemäß nehmen wir Welpen aus verschiedensten Herkunftsquellen im Alter von etwa sieben bis acht Wochen zu uns. In letzter Zeit gab es vermehrt Medienkampagnen zu den Auswirkungen schlechter Zucht auf die körperliche Gesundheit der Hunde. Die deutlichen Folgen, die sie auch auf Wesen und Verhalten haben kann, standen dabei weniger im Fokus.

Der verantwortungsvolle künftige Welpenbesitzer sucht Rasse und Züchter vorher aus. Er nimmt sich die Zeit, beide Elterntiere kennenzulernen, bevor er einen Welpen auswählt und achtet darauf, dass der Züchter den Wurf auf positive Weise mit verschiedenen Alltagssituationen wie Begegnungen mit anderen Tieren, fremden Gegenständen und Menschen verschiedenen Alters vertraut gemacht hat.

Hinterhofzüchter und Massenvermehrer züchten fürs Geld und haben weniger das Wohl der Welpen im Auge. Sie verpaaren Hunde ohne Rücksicht auf deren Wesen und Verhalten. Solche Welpen können genetisch für bestimmte Verhaltensweisen oder Gefühlszustande prädisponiert sein, da manche Verhalten durchaus eine genetische Komponente haben.
Dazu kommt die vielleicht noch wichtigere Tatsache, dass Welpen Körperhaltungen und Reaktionen von ihren Eltern lernen. Allelomimetisches Verhalten – sowohl Nachahmung als auch soziale Aktivierung – bei dem die Anwesenheit mehrerer Hunde eine Steigerung der Verhaltensintensität bewirkt, wurde durchgängig in wissenschaftlichen Studien beobachtet. Angst, Ängstlichkeit und Frustration kommen viel häufiger bei Hunden aus schlechten Haltungsbedingungen vor. All diese sehr frühen Lernerfahrungen beeinflussen den Welpen, der in unsere häusliche Umgebung kommt und wir sollten deshalb im Hinterkopf behalten, dass manche Welpen von Geburt an eine viel höhere Wahrscheinlichkeit zur Entwicklung bestimmter Verhalten mitbringen als andere. Wir verpflanzen Welpen aber im zarten Alter von sieben Wochen in ein neues Zuhause und erwarten, dass sie sich an unser Leben anpassen – und das in vielen Fällen ohne Rücksicht auf mögliche schlechte Startbedingungen, die sie hatten. Welpen lernen von Geburt an Dinge über ihre Umwelt, aber mit positiver und geduldiger Fürsorge kann auch ein ängstlicher oder reizarm aufgewachsener Welpe noch „umgekrempelt" werden.

Benji ist ein 16 Wochen alter Staffordshire Bullterrier Mix. Er lernt Dogyoga, um kleinere Angstprobleme zu bekämpfen.

Ein Welpe beginnt ab dem Moment, in dem er zu uns kommt, etwas über sein neues Leben als Familienhund zu lernen, was Angst macht und was Belohnungen einbringt. Sozialisation sowohl in Bezug auf die Umwelt als auch auf Lebewesen und verschiedene Materialien (Verkehrshütchen, Mülltüten, hohe Absätze und ähnliche seltsame menschliche Erfindungen mehr) wird heute von den meisten Hundetrainern umfassend praktiziert. Ein verantwortungsvoller Halter stillt die körperlichen Nahrungsbedürfnisse des Welpen, macht ihn mit Dingen bekannt, an die er sich gewöhnen muss und lehrt ihn hoffentlich auch, selbstbewusst, neugierig und flexibel zu sein. Aber selten – wenn überhaupt – bringen wir unseren Welpen bei, ruhig und entspannt zu sein! Ab der siebten Woche und durch die ganze Welpenzeit neigen wir dazu, mehr Wert auf die aktiven Kommandos zu legen. Wir üben „Sitz", sobald es irgend geht. Dann kommen als nächstes „Platz" und meist die lustigen Dinge wie Pfote geben, Apportieren oder Bellen auf Kommando. Mit „Bleib" dagegen geben wir uns in der Regel erst ab, wenn der Hund etwas älter ist. Es kommt uns nicht einmal in den Sinn, ein entspanntes Liegen zu fördern oder Wert auf die Dauer des „Bleib" zu legen, wir vergessen, einen ruhenden Welpen zu belohnen oder einen, der auf dem richtigen Gegenstand herumkaut. Wir Hundehalter sind gut im Lamentieren, wenn etwas schiefläuft, aber unglaublich schlecht darin, einem jungen, schnell lernenden Welpen zu vermitteln, wie wir ihn denn gerne hätten.

Bei manchen Hunden kann das einfache Trauma eines Zwingeraufenthalts zu angstbasierten Verhaltensproblemen führen.

HUNDE AUS DEM TIERSCHUTZ

Da guten Menschen die gute Tat oft wichtiger ist als die beste Wahl für sich selbst, leben wir heute in einer Kultur der Tierschutz-Hunde. Diese unerwünschten, aufgegebenen oder streunenden Hunde erreichen heute später in ihrem Leben öfter den Status eines Familienmitglieds als Welpen vom Züchter. Ein noch neuerer Trend ist die Adoption von Hunden aus dem Ausland. Es ist zwar großzügig und nett, Hunden aus aller Welt zu helfen, aber es wird noch nicht genug dafür getan, sie auch in eine ihnen völlig neue Kultur, Umwelt und in ein ungewohntes Klima zu integrieren.

Manche dieser Tierschutzhunde haben extrem traumatische Erfahrungen gemacht. Einer meiner eigenen Hunde bekam die Ohren abgeschnitten, und der Hund einer Kundin musste eine „Hauskastration" über sich ergehen lassen. Als ich noch in einer Londoner Tierklinik arbeitete, bekam ich in Mülltonnen geborene Welpen zu sehen, Hunde, die mit Säure übergossen wurden oder sogar solche, die mit Messern attackiert oder die angeschossen wurden.

All diese (größeren und kleineren) Traumata können erheblichen Einfluss auf Verhalten, Bindung und generellen Gefühlszustand haben. Solche Hunde leiden häufig unter Angst und angstbedingen Verhaltensproblemen. Sie sind auch nicht so gut für den Umgang mit dem „normalen" Leben als Haushund gerüstet, weil sie oft entweder gar nicht oder nur mit aversiven Methoden trainiert wurden und in ihrer frühen Welpenzeit zu wenig oder schlecht sozialisiert wurden.
Solche Hunde brauchen deutlich mehr Unterstützung beim Lernen. Ihre bisherigen Erfahrungen lassen sie die übliche Lernsituation als etwas Bedrohliches und Bedrückendes empfinden. Wenn ich solche Hunde treffe und mit ihnen arbeite, stellt sich heraus, dass die Schaffung einer lernfreundlicheren Umgebung etwas ist, das allen Hunden und Menschen helfen kann, und zwar unabhängig von ihrem Hintergrund.

UNERWÜNSCHTE UND GLEICHZEITIG ERWÜNSCHTE RASSEMERKMALE

Für unterschiedliche Zwecke wurden selektiv unterschiedliche Hunde gezüchtet. Windhunde zum Erspähen der Beute auf Sicht, zur Luftwitterung und zum Hetzen von Kleinwild, Bullterrier zum Beißen von Bullen und Bären, Jagdhunde zum Verfolgen von Fährten, zum Anzeigen, Jagen und/oder Bringen von Wild oder Hütehunde zum Zusammenhalten von Herden. Viele dieser Rassemerkmale sind in häuslicher Umgebung überflüssig, aber seltsamerweise finden viele Halter sie trotzdem toll. Wir lieben es, wenn ein Vizsla sich an Möwen anschleicht und ihnen vorsteht – es sei denn, er kommt nicht zurück oder bringt eine zahme Hausente mit. Oft bekommen solche Hunde, die für einen speziellen Zweck gezüchtet wurden, nie eine richtige Gelegenheit, ihr natürliches Verhalten zu zeigen und diesen Zweck zu verfolgen. Dies führt oft zu Frustration und bedeutet, dass der Hund eine Art und Menge von Energie in sich trägt, die sich als unerwünschtes Verhalten äußert.

DER WUNSCH NACH RUHE

Alle Hundebesitzer scheinen unabhängig von Rasse, Alter oder Herkunft ihrer Tiere einen Wunsch gemeinsam zu haben: Wir möchten gerne, dass unsere Hunde ruhig sind.
Ruhig meint, dass sie keine Nervosität, keinen Ärger oder keine sonstigen starken Gefühle zeigen sollen. Natürlich können wir unseren

Hunden nicht beibringen, keine Gefühle zu haben. Was wir aber sehr wohl tun können, ist, Haltungen, Ausdrücke und Aktionen zu trainieren, die auf eine ruhige Gemütslage sowie einen konzentrierten, kontrollierten und positiven Zustand hinführen. Anschließend können wir dann an der Bindung zum Menschen arbeiten und die Haltedauer der Positionen steigern, um geistige und körperliche Gesundheit, gefühlsmäßige Stärke und Ruhe zu fördern.

In der Wildnis oder in Gegenden, wo Hunde noch frei umherstreunen wie z.B. in manchen indischen Dörfern, bestimmen Hunde ihren Raum und ihre Zeit mit Hilfe von Körpersprache und Aktionen. Es handelt sich um natürliches Verhalten, das funktionale Verstärker hat (z.B. das Überleben). Im häuslichen Umfeld haben Hunde oft keine Kontrolle über ihren Raum. Techniken zum Raummanagement, die Hunde erfolgreich entwickelt haben, um sich an das Leben als zahme Spezies anzupassen, werden oft nicht bemerkt oder gar bestraft. Ein Dorfhund zum Beispiel kann einen Seitenblick zeigen, seinen Kopf wegdrehen und von einer Bedrohung weg schnüffeln, um sich mehr Raum zu verschaffen und mitzuteilen, dass er nicht an einem Konflikt interessiert ist. In häuslichem Umfeld und mit dem Hund in begrenzter Umgebung oder an der Leine können diese Signale nicht eingesetzt werden. Bei einer wahrgenommenen Bedrohung haben unsere Hunde keine andere Wahl, als stärkere Signale zu zeigen – zum Beispiel Warnknurren und Lefzen hochziehen – um den gleichen Effekt zu erzielen. Dieser von unserer menschlichen Unfähigkeit zum Erkennen, geschweige denn Belohnen guter sozialer Signale verursachte Stress ist die Keimsaat so mancher Frustration und führt zu vielen der Verhaltensproblemen, die wir an Hunden beobachten. Wie schon gesagt: Hunde sprechen die ganze Zeit zu uns, wenn auch nicht mit Worten. Wir müssen nur zuhören lernen!

Ich habe das Trainieren von Yoga-Haltungen bei vielen Hunden angewendet und es ist meiner Meinung nach ein Breitbandprogramm, das in der großen Mehrzahl von Problemfällen hilft – einschließlich angst- und frustrationsbedingtem Verhalten gegenüber Menschen, Tieren und Gegenständen sowie unerwünschtem Jagdverhalten. Unproblematischen Hunden hilft es dabei, die allgemeine Kontrolle, die Bindung zum Besitzer und das Wohlbefinden zu verbessern. Es kann auch sehr erfolgreich zur Vorbeugung von Zwingerstress in Tierheimen eingesetzt werden und älteren, verletzten oder postoperativen Hunden gut tun. Am wichtigsten ist aber, dass es uns lehrt, subtilere Kommunikationstechniken unserer Hunde zu erkennen, hervorzuheben und zu belohnen und einen Dialog zu schaffen, der sie befähigt und ihnen Möglichkeiten zum Treffen besserer Entscheidungen eröffnet.

DIE HÄUFIGKEIT RUHIGEN VERHALTENS STEIGERN

Jedes Verhalten, das verstärkt wird, steigert sich in seiner Häufigkeit. Verstärkung ist definitionsgemäß alles, was die Häufigkeit eines Verhaltens stärkt oder steigert. Wenn ich Ihnen jedes Mal Geld dafür gebe, dass Sie mir einen Kaffee bringen, werden Sie mir mehr Kaffee bringen. Wenn wir dieses „Training" häufig praktizieren, werden auch noch andere Dinge passieren. Sie werden sich gut und sogar etwas aufgeregt dabei fühlen, mir Kaffee zu bringen. Und indem Sie öfter Ihre Kaffeekochkünste üben, werden Sie immer besser und schneller darin, mir Kaffee zu bringen, was es wiederum wahrscheinlicher macht, dass Sie das künftig wieder tun. Vielleicht entwickeln Sie sogar Rituale darum herum – zum Beispiel, Ihre eigene Lust auf eine Tasse Tee als Erinnerung dafür zu nutzen, mir einen Kaffee zu bringen und etwas Geld zu verdienen. Wenn ich dann anfangen würde, weniger Geld zu geben oder sogar anstelle des Geldes nur „danke" zu sagen, würden die Rituale, Gewohnheiten und der Wohlfühl-Faktor rund ums Kaffeekochen trotzdem anhalten. Sie würden mir öfter Kaffee bringen als vor dem Training – und wenn ich Ihnen dann etwa einmal im Monat einen Extraschein für eine Tasse zustecken würde, würde das Ihr Kaffeekochen sogar noch weiter steigern!

Genau das geschieht, wenn wir erwünschtes (und unerwünschtes) Verhalten bei Hunden belohnen. Ich rate Haltern von Rassen wie etwa Mastiffs immer dazu, nicht „gib Pfote" zu trainieren oder Yorkieleuten, kein „gib Laut" zu üben. Verstärken Sie nicht aktiv Dinge, von denen Sie nicht möchten, dass sie sich in ihrer Häufigkeit steigern! Bestimmte Rassen haben bestimmte Neigungen für bestimmte Merkmale und Haltungen – sie zu verstärken macht es nur wahrscheinlicher, dass der Hund sie im Alltag noch öfter zeigt! Das ist prima, wenn wir einen das Sofa liebenden Windhund dazu bringen, ruhig auf dem Sofa zu liegen, beginnt aber Probleme zu machen, wenn wir eine von Natur aus stimmfreudige Rasse fürs Bellen belohnen.

Es gibt auch Verhalten – Haltungen, Aktionen und Ausdrücke – die Hunde zeigen, die wir aber meistens ignorieren. Diese Kommunikationsstrategien sind sehr wichtig, wenn ein Hund mit einem anderen Hund oder einer anderen Spezies kommuniziert. Wenn man uns die Möglichkeit nehmen würde, mit anderen Menschen zu verhandeln, sie zu beschwichtigen, Konflikte, Aggressionen und Gefühle der Machtlosigkeit zu bekämpfen, würden Frust und Angst mit Sicherheit zunehmen. Soziales Signalisieren ist eine Art, passiv einen Wunsch oder einen Gefühlszustand mitzuteilen. Wenn wir diese Wünsche und Gefühlszustände erkennen und uns danach richten können, wenn unsere Hunde sie zeigen, beugt das Frustration und Angst vor.

Dieses Buch bereitet den Weg zum Trainieren eines Systems, das passives, sozial angemessenes soziales Signalisieren belohnt. In mancher Hinsicht agieren wir dabei so, wie Eltern es tun würden: Ein Kind für ein Lächeln mit Zurücklächeln belohnen oder es mit unserer Unterstützung dafür belohnen, dass es uns von seiner Angst erzählt hat. Dieser Dialog ist absolut auch mit unseren vierbeinigen Begleitern möglich! Außerdem lehrt das Training von Dogyoga uns und die Hunde ein anderes Denken und hilft hoffentlich dabei, einen sinnvollen Mensch-Hund-Dialog zu etablieren.

WIE LANGE DAUERT ES, EINEN HUND ZU TRAINIEREN?

Ein Konzept habe ich im Lauf meines Lebens immer wieder als wirklich nützlich empfunden, insbesondere beim Training von Hunden: Das des lebenslangen Lernens. Es entstammt

Ruhe ist etwas, das sich alle Halter von ihren Hunden wünschen.

der Akzeptanz der Tatsache, dass es im Hundetraining (und im Leben) kein Ziel gibt. Das einzige Ende ist der Tod.

Trainieren Sie Ihren Hund mit diesem Gedanken im Kopf langsam und gut, und genießen Sie den Prozess des Lernens.

Manche Hunde kommen gut mit ihrer Umwelt zurecht, andere nicht. Es gibt Hunde, die Instruktionen schnell befolgen und viele verschiedene Kommandos kennen – und andere, die Schuhe zerkauen und ihre Tage frustriert und verwirrt verbringen.

Als professionelle Hunde-Verhaltenstherapeutin habe ich Hunde kennengelernt, die Schafe hüten, die eine Geruchsunterscheidung zwischen schwach und stark konzentrierten Birkenpollen treffen können, die komplizierte Tricks vollführen oder die auf der Bühne tanzen. Es gab aber auch Hunde, die Menschen bissen, Hunde, die Hunde bissen, Hunde, die Kühe, Schafe, Eichhörnchen und Fahrräder jagten und Hunde, die nicht alleine gelassen werden konnten, ohne dass sie in blanke Panik verfielen. Und ich habe nie einen Besitzer kennengelernt, der behauptete, sein Hund sei trainiert oder erzogen. Die Reise ist nie zu Ende – also sollten wir den lebenslangen Prozess des gemeinsamen Lernens mit unseren Hunden mit Geduld und Verständnis genießen.

Ratschläge zum Hundetraining fließen aus jeder Körperöffnung des Internets, und in jedem Lager gibt es Extremisten. Der einzige Rat, den ich all denen geben kann, die sich durch ein Meer widersprüchlicher Informationen kämpfen, ist: Wenn es sich falsch anfühlt, ist es das in der Regel auch. Wenn Sie das Gefühl haben, etwas zu tun, das Ihren Hund verwirrt oder sich schlecht für ihn anfühlt, geht es nicht in die richtige Richtung. Wenn es für sie nicht logisch sinnvoll ist, finden Sie eine Technik, bei der das der Fall ist. Ich habe immer wieder mit Besitzern zu tun, die alle möglichen Formen des „Trainings" ausprobiert haben – von extremen invasiven, etwa Traktieren des Hundes mit Stromschlägen oder ihn auf den Rücken zu rollen und auf den Boden zu drücken bis hin zu total passiven – sie fassen den Hund nur an, wenn er darum bittet und kasteien sich selbst dafür, wenn sie einmal die Stimme angehoben haben oder ein Wort benutzt haben, das als Strafe verstanden werden könnte. Ich werde in diesem Buch die Methoden empfehlen, die ich für die humansten und angemessensten halte und die am erfolgreichsten im Training der Haltungen,

Wenn man ruhige Haltungen und ruhige Ausdrücke belohnt, steigert man damit auch das natürliche Vorkommen dieser Verhalten.

Ausdrücke und Aktionen sind, welche für das Ausüben von Dogyoga gebraucht werden.

Zu gutem Lehren gehört auch, eine gute Umgebung für das Lernen des Individuums zu schaffen und dann erwünschtes Verhalten klar zu markieren und zu belohnen. Es beinhaltet auch, zu lernen, wie der Schüler „tickt" und wie wir ihn zum freiwilligen Mitmachen motivieren können. Es geht um das Setzen klarer, erreichbarer Ziele und letzten Endes auch darum, dem Schüler bei seinen Lektionen so viel Mitspracherecht wie möglich zu geben.

Zum erfolgreichen Zusammenleben mit einer anderen Spezies ist es unerlässlich, dass wir einen Dialog schaffen. Wenn wir einen Ausländer, der eine andere Sprache spricht, zu uns nach Hause einladen, würde es uns im Traum nicht einfallen, ihn dafür anzuschreien, dass er ein Wort nicht verstanden hat. Wir würden langsamer sprechen und die Worte benutzen, die er bereits kennt, um ihm neue beizubringen. Und wenn uns sehr viel an einem Dialog läge, würden wir vielleicht sogar ein paar Brocken der Sprache unseres Gastes lernen. Die Schaffung eines Dialogs mit unseren Hunden ist nichts anderes. Wenn wir glücklich zusammenleben und flüssig hin und her kommunizieren möchten, müssen wir uns einen Weg erarbeiten, auf dem wir erfolgreich mitteilen können, wie wir uns fühlen und was wir möchten – und genauso müssen wir verstehen, was der Hund fühlt und was er möchte. Dialog bedeutet nicht „Ich sage etwas und du tust etwas." Das ist ein Befehl. In einem Dialog sind zwei Wesen dazu in der Lage, Informationen miteinander zu teilen. Die wichtigste Information, die Hunde mit uns teilen können, ist ihr Gefühlszustand, denn er ist das, was ihr Verhalten antreibt.

Yoga definiert sich als eine beständige Kontrolle der Sinne. Im Nachfolgenden bekommen Sie eine Schritt-für-Schritt-Anleitung, wie Sie Ihren Hund die Haltungen, Ausdrücke und Aktionen des Dogyoga lehren können und dazu außerdem Erklärungen, wie ich diese eingesetzt habe, um stress-, angst- und frustrationsbedingte Probleme zu bekämpfen. Folgen Sie der Anleitung langsam und mit Bedacht. Und genießen Sie die Reise ...

Den „fertig trainierten" Hund gibt es nicht.

TEIL 1: DIE LERNUMGEBUNG

Die Trainingsschritte in diesem Buch sollten sorgfältig befolgt werden. Überspringen Sie kein Stadium oder gehen zu eilig darüber hinweg. Gehen Sie nicht schneller vor, als Ihr Hund folgen kann. Ihr Hund und Sie sollten gemeinsam auf eine Entdeckungsreise in Körper, Geist und Gefühlswelt gehen.

Die Trainingsschritte in diesem Buch sollten sorgfältig befolgt werden. Überspringen Sie kein Stadium oder gehen zu eilig darüber hinweg. Gehen Sie nicht schneller vor, als Ihr Hund folgen kann. Ihr Hund und Sie sollten gemeinsam auf eine Entdeckungsreise in Körper, Geist und Gefühlswelt gehen.

Es geht darum, verbunden zu sein, Geduld, Versöhnlichkeit und Kontrolle zu lernen. Es geht nicht um ein Ziel: es gibt kein Ziel. Sie und Ihr Hund können immer weiter Fortschritte machen und ihre körperliche, geistige und spirituelle Bindung sowie ihr Wohlbefinden durch sanftes, ganzheitliches Üben stärken – ganz ohne Eile.

Verarbeitung ist eins der wichtigsten Dinge beim Lernen, und sie findet statt, wenn wir innehalten. Das gilt auch für Hunde, und zwar vor allem dann, wenn sie im Tun innehalten. In diesem Sinne kann das, was wie Nichtstun aussieht und oft als mangelnde Mitmachbereitschaft verstanden wird, tatsächlich ein fundamentaler Lernschritt sein. Unterscheiden zu können, was Informationsverarbeitung, was Langeweile oder Rückzug und was mangelnde Mitmachbereitschaft ist, ist unerlässlich, um zu einem guten Förderer des Lernens zu werden. Deshalb ist Langsamermachen und keine Angst vor Pausen zu haben etwas, das ich im Verlauf des Buchs ständig wiederholen werde. Die Kunst, das zu tun, was wie Nichtstun aussieht, kann den Unterschied zwischen Lernen und Nichtlernen ausmachen.

Im letzten Teil des Buchs geht es um die Anwendung. Ein wichtiger Teil dieses Trainings ist, zu erkennen, aus welchem Grund wir Haltungen, Ausdrücke und Aktionen verstärken. Niemals, unter keinen Umständen sollten wir vom Hund verlangen, eine Haltung, einen Ausdruck oder eine Aktion in einem unnatürlichen sozialen Kontext zu zeigen. Diese Art des Trainings ist eine machtvolle Sache und wir verstärken Verhalten, von denen wir möchten, dass sie sich natürlich steigern. Wir trainieren nicht, damit wir unseren Hund zum Lächeln auffordern können, wenn er traurig ist oder damit er sich entspannt gibt, wenn er sich in einer Bedrohungssituation befindet. Wir trainieren diese Verhalten in einem kontrollierten Kontext, in dem der Hund frei von Stressoren ist, Platz und die Möglichkeit zum Weggehen

Der ideale Raum ist aufgeräumt, bietet dem Hund die Möglichkeit zum Weggehen und hält frisches Wasser für Sie beide bereit.

hat. Wir können diese Verhalten markieren und belohnen, wenn wir sie in natürlichen sozialen Situationen erkennen und wir können ihnen eine Bedeutung geben, indem wir ihnen eine Funktion geben. So können wir zum Beispiel einen sanften Blick mit körperlicher Zuneigung belohnen (zeigen, dass wir diesen Ausdruck erkennen, dass er eine Bedeutung hat und einem Zweck dient), oder wir können passiven Stress und Raummanagement verstärken, indem wir den Raum zwischen dem Hund und der von ihm empfundenen Bedrohung vergrößern. Das ist ein Dialog. Er verbindet Sie und Ihren Hund und zeigt ihm, dass er in dieser Menschenwelt immer noch Macht und Kontrolle hat. Er lehrt Hunde, sich an uns zu wenden, wenn sie Hilfe brauchen und dass wir sie beschützen. All diese Dinge lassen einen Hund verstehen, dass er keine Aggressionen oder Konflikte einsetzen muss und dass es sich lohnt, entspannt, ruhig und sanft zu sein.

WIE EINE DOGYOGA-STUNDE AUSSEHEN SOLLTE

- Schaffen Sie eine saubere, klare und bequeme Umgebung.
- Zählen Sie die Leckerchen ab, die Sie zum Trainieren der jeweiligen Lektion brauchen und achten Sie auf ausreichend Wasser für Sie beide.
- Beginnen Sie immer mit einem kurzen Spaziergang draußen.
- Gehen Sie mit Ihrem Hund in den Yogaraum und nehmen ihm das Halsband oder andere Ausrüstungsgegenstände ab.
- Trainieren Sie eine Haltung, Aktion oder einen Ausdruck (nach der Reihenfolge in Teil zwei).
- Verschaffen Sie ihm nach jeder Session mentale Wärme, indem Sie mit ihm spielen oder schmusen.
- Achten Sie darauf, genug Zeit für das alles zu haben. Planen Sie etwa eine halbe Stunde pro Tag inklusive Aufwärmspaziergang, die eigentliche Session und das anschließende Spielen oder Knuddeln ein.

GENAUE AUSFÜHRUNG DURCH KLARHEIT IM TRAINING

Was bedeutet Klarheit im Training? Im Dogyoga ist damit gemeint, dass wir dem Hund zum Trainieren einen Raum bieten, der frei von Umwelt-, Gefühls- oder Sozialstressoren ist. Das bedeutet für unterschiedliche Hunde unterschiedliche Dinge. Ich habe zum Beispiel einen Hund, der Magnete an der Kühlschranktür extrem ablenkend findet (ich hatte sie einmal zum Targettraining von Farbunterscheidung genutzt und er ist seitdem darauf fixiert, sie anzustupsen). Für diesen Hund, den Pitbull Archie, ist seine Umwelt extrem stimulierend. Um das Beste aus ihm herauszuholen, brauche ich einen absolut aufgeräumten Raum.

Bei der aus dem Tierschutz stammenden Spanielhündin Bubbles muss ich immer sicherstellen, dass ich 100%ig neutral bin. Sie empfindet jede Gefühlsanspannung als extrem belastend. Ich muss sitzen, ruhig und unaufgeregt sein und ganz genau wissen, was wir trainieren werden. Es ist ihr vollkommen egal, ob etwas auf dem Tisch herumliegt oder ein Besen neben der Tür steht, aber ein kleiner gefühlsmäßiger Hinweis von mir darauf, dass irgendeine Spannung existiert, und sie wird nervös, bellt und kann nicht lernen. Lernen Sie Ihren Hund auswendig. Und wenn er etwas in der Umgebung als stressig empfindet, entfernen Sie es.

Bei Trainern ist es ähnlich. Ich bin jemand, der besser in einem aufgeräumten Raum arbeiten kann, aber es macht mir nichts aus, ob und welchen anderen Stress ich früher am Tag hatte. Kollegen von mir dagegen können im größten Chaos trainieren, aber nicht ernsthaft arbeiten, bevor sie nach einem stressigen Tag nicht völlig abgeschaltet haben.

Wir alle, Menschen und Hunde, lernen am besten ohne Ablenkung. Ich versuche, aus den Sitzungen stets das beste, produktivste, bereichernde und am meisten voranbringende Training wie möglich zu machen. Sie sollten deshalb den Rat befolgen und den bestmöglichen Yogaraum schaffen – vor allem aber müssen Sie herausfinden, was Durcheinander für Sie und Ihren Hund bedeutet.

DER IDEALE ORT FÜR DOGYOGA

Der Yogaraum sollte warm sein – normale Zimmertemperatur. Sehr kalte oder heiße Temperaturen sollten vermieden werden, aber solange das Wetter gut ist, können Sie auch draußen im Garten trainieren, falls Sie im Haus nicht genug Platz haben. Falls Sie weder

Beim Training denken wir nur selten an die Distanz zwischen uns und dem Hund, aber sie ist von größter Bedeutung.

Garten noch Platz im Haus haben, können Sie auch an einem öffentlichen Ort üben. In diesem Fall rate ich Ihnen, Ihren Hund an eine lange Leine zu nehmen, die Sie um Ihre Hüfte befestigen und dass Sie irgendeine Begrenzung definieren, sodass Sie klar feststellen können, wann Ihr Hund sich fürs Weggehen aus dem „Raum" und für eine Pause entschieden hat.

Wenn Sie im Innenbereich sind, sollte der Boden keine merkwürdige Textur haben und idealerweise aus natürlichem Material wie Holz oder Teppich sein, weil Hunde sich dort wohler fühlen und weniger rutschen. Alternativ können Sie eine Matte benutzen.

Eine Dogyogamatte sollte ausschließlich für dieses Training benutzt werden, nur auf dem Boden und in einem Raum, in dem der Hund sich wohlfühlt. Manche Hunde finden eine Matte auf dem Boden merkwürdig. Beim Arbeiten mit Bullrassen zum Beispiel habe ich die besten Erfahrungen mit Camping-Isomatten gemacht, die nicht auf dem Boden rutschen. Die Matte darf einerseits keine Ablenkung werden, normale Hundedecken sind aber andererseits für diesen Zweck auch nicht praktisch. Außerdem haben Studien uns gezeigt, dass Hunde Unterscheidungsobjekte als nützliche Vorhersagen für Kontexte empfinden: Wenn Sie jedes Mal, bevor Sie rausgehen, eine rote Schleife an die Türklinke hängen, weiß Ihr Hund leichter, was er von der Situation zu erwarten hat. Vorhersage-Objekte, die unsere Erwartungen ankündigen können, sind prima geeignet, um die Lernumgebung für den Schüler sinnvoller zu machen.

Lassen Sie Tageslicht durch die Fenster und Türen und die Vorhänge offen. Auch Glastüren, durch die der Hund hinaussehen kann, sollten nicht verdeckt werden. Die Außenwelt ist nur sehr selten eine Ablenkung für einen Hund, wenn er wirklich trainiert. Was viel öfter der Fall ist, ist, dass der Hund die Umwelt absichtlich als Ablenkung benutzt, um eine empfundene Spannung aufzulösen, weil ihm langweilig ist oder weil er etwa Zeit und Raum braucht, um die neue Information zu verarbeiten! In jeder dieser Situationen würde das Verdecken der Außenwelt Ihrem Hund nicht dabei helfen, sich zu konzentrieren.

Wenn möglich, sollten Sie andere Hausbereiche oder den Weg nach draußen zugänglich lassen. Wenn das nicht geht, stellen Sie eine abgedeckte Box mit offener Tür in den Raum. Auch im Gruppentraining müssen Sie auf Hinweise dafür achten, wann der Hund die Sitzung abbrechen möchte. Wenn er zum Beispiel zur Tür geht oder sich aus Ihrem Blickfeld wegorientiert, möchte er pausieren.

DIE UMGEBUNG VORBEREITEN

Eine Sitzung sollte immer mit dem Herrichten der Umgebung beginnen, sodass diese sauber, aufgeräumt und bequem ist. Aber auch wir selbst müssen startklar sein.

- Klares, kaltes Wasser sollte für Sie und Ihren Hund jederzeit erreichbar sein.
- Machen Sie den Boden sauber, bevor

Ihre eigene Position muss bequem sein – egal, ob Sie sitzen, hocken oder stehen.

ZWEI TÖPFE SIND BESSER ALS EINER

Stellen Sie immer zwei Behälter (Teller oder Schüsseln) für die Leckerchen bereit. Der eine ist der aktive Behälter, in den Sie eine abgezählte Menge an Leckerchen legen, um bestimmte Schritte zu trainieren. Dies dient auch der Klarheit für uns selbst.

Die Leckerchen, die für diese bestimmten Schritte nicht gebraucht werden, sind im inaktiven Behälter und die, mit denen Sie trainieren, im aktiven Behälter. Das macht das Training viel einfacher, weil sie nicht mehr mitzählen müssen, wie viele Wiederholungen Sie machen und weil Sie einen strategischen Stopp einbauen, an dem Sie innehalten und überlegen, was Ihr nächster Schritt sein wird.

Sie trainieren – fegen, staubsaugen oder wischen. Benutzen Sie ein tierfreundliches Putzmittel oder nur klares Wasser und lassen Sie die Oberfläche trocknen.

Eine saubere Umgebung wirkt sich auf unser Denken aus und auch auf den geruchsorientierten Verstand des Hundes.

- Trainieren Sie nicht in Unordnung. Wenn Ihr Haus unordentlich ist, suchen Sie sich einen Raum oder wenigstens Teil eines Raums aus, den Sie vollständig aufräumen und entrümpeln.
- Sehen Sie durch, was Sie trainieren wollen, bevor Sie loslegen. Immer. Jedes Mal.
- Achten Sie darauf, dass Sie in guter, positiver und ruhiger Stimmung sind und zählen Sie dann die Leckerchen, die Sie für die Sitzung brauchen werden, auf einen Teller oder in eine Schüssel ab. Legen Sie für die ersten Sitzungen und alle Fälle 20 weitere Extra-Leckerchen bereit. Stellen Sie den Behälter außer Reichweite Ihres Hundes.

Ein guter Coach richtet die Umgebung so her, dass das Lernen so leicht und angenehm wie möglich wird. Ein aufgeräumtes, sauberes und bequemes Umfeld ist für die Lernfähigkeit des Hundes genauso gut wie für unsere eigene. Hundetraining ist eine Reise, die Sie gemeinsam unternehmen. Sie werden sich beide verändern, wachsen und gemeinsam Fortschritte machen. Sie beide sind sowohl Lehrer als auch Schüler, aber nur Sie haben Hände mit zwei Daumen zum Aufräumen – also tun Sie es auch.

MACHEN SIE SICH SELBST STARTKLAR

Bereiten Sie alles vor, bevor Sie den Hund hereinbringen. Manche Menschen wärmen sich gern körperlich vorher auf wie zur Gymnastik – versuchen Sie es gerne und schauen, ob es Ihnen hilft. Sie müssen stabil an einem Ort bleiben: Ihre Gedanken müssen klar, sauber, fokussiert und kontrolliert sein und Ihr Körper muss nach gut eingeübten und sorgsam entschlossenen Impulsen funktionieren. Wenn

Sie sich noch nicht bereit fühlen, Ihren Hund zu trainieren, weil der Stress des Arbeitstages noch immer an Ihnen nagt, Sie sich Sorgen um die Kinder machen oder allgemein abgelenkt sind, befolgen Sie diese Schritte:

Was Sie vor dem Training tun können, um Anspannung und Stress zu reduzieren:

1. Schließen Sie Ihre Augen und atmen Sie volle fünf Minuten lang und tief durch. Stellen Sie sich eine Stoppuhr für diese fünf Minuten und halten Sie während der ganzen Zeit Ruhe. Später werden Sie feststellen, dass Sie immer weniger Zeit brauchen, um Ihren Geist zu reinigen, aber bleiben Sie am Anfang bei den fünf Minuten. Sie werden sich wie eine Ewigkeit anfühlen, aber vertrauen Sie mir! Stehen Sie während dieser Zeit nicht auf und bewegen Sie sich nicht. Versuchen Sie, nicht zu zappeln. Wenn es Ihnen hilft, legen Sie Ihre Hände an eine bestimmte Stelle wie z.B. auf den Tisch und konzentrieren sich auf die Ruhe. Versuchen Sie, an nichts anderes zu denken als an Ihre Atmung.
2. Trinken Sie einen ½ Liter kaltes Wasser.
3. Schreiben Sie auf, was Sie in dieser Trainingssitzung gern mit Ihrem Hund erreichen möchten oder durchdenken Sie zumindest, was Sie trainieren möchten. Das kann so etwas sein wie „Ich möchte, dass Marley eine Minute lang ruhig sitzenbleibt". Versuchen Sie, sich messbare Ziele zu setzen, z.B. dass Sie X für eine bestimmte Dauer, eine bestimmte Anzahl von Malen oder auf ein bestimmtes Signal haben möchten.
4. Lassen Sie einen Ball hüpfen und markieren Sie mit Ihrem Clicker Sie jedes dritte, dann jedes zweite und dann jedes Auftitschen, bis Sie 100%ig genau sind.

Unsere eigene Körperhaltung findet in Büchern übers Hundetraining meistens keine Berücksichtigung, dabei ist sie äußerst bedeutsam. Wenn Sie Ihren Hund trainieren, ist es wichtig, dass Sie es bequem haben und gut stillhalten können. Auf einem Stuhl zu sitzen ist in Ordnung, aber achten Sie darauf, dass Sie gerade sitzen und nicht hängen. Viele eifrige Trainer bekommen Rückenschmerzen, weil sie stundenlang krumm stehen oder sitzen!

Wenn Sie einen sehr kleinen oder jungen Hund trainieren, ist es auch absolut in Ordnung, auf dem Boden zu sitzen. Stehen ist nicht immer die beste Position, vor allem dann nicht, wenn Sie einen Clicker benutzen, denn es verführt uns dazu, unsere Beine mehr zu bewegen, was für einen Hund sehr verwirrend sein kann. Hunde brauchen Balance und Klarheit, was bedeutet, dass auch wir selbst balanciert und klar sein müssen. Achten Sie darauf, dass Sie angemessenen Abstand zu Ihrem Hund halten. Sie müssen nicht direkt neben ihm sein, da wir den Hund bei dieser Art des Trainings nicht anfassen (von dem abschließenden Knuddeln einmal abgesehen). Dieser Abstand hilft dem Hund, unabhängiger zu lernen und gibt uns im wahrsten Sinne des Wortes mehr Raum zum Denken. Stehen oder sitzen Sie so nahe bei Ihrem Hund, wie Sie es für richtig halten – und machen Sie dann einen Schritt nach hinten (oder rücken Sie Ihren Stuhl einen Schritt nach hinten) und trainieren Sie von dort aus. Das ist ihr Trainingsort. Im Zweifel bewegen Sie sich so weit von Ihrem Hund weg, bis dieser Ihnen zu folgen beginnt.

MACHEN SIE IHREN HUND STARTKLAR

Hunde können nicht lernen, wenn sie abgelenkt sind oder sich unwohl fühlen. Bevor Sie Ihren Hund an den Yogaort bringen, gehen Sie für fünf Minuten an der Leine mit ihm raus. Üben Sie das Gehen an loser Leine. Hunde können traben oder Pass gehen, und im Normalfall zwingt das menschliche Schritttempo sie dazu, irgendwo zwischen ihren natürlichen Gangarten zu laufen. Das ist unbequem und unausbalanciert – versuchen Sie deshalb, schneller oder langsamer zu gehen, um sich Ihrem Hund anzupassen. Gehen Sie im natürlichen Tempo Ihres Hundes langsam oder schnell rund um den Garten. Geben Sie ihm fünf Minuten lang die Möglichkeit, zu schnüffeln oder Luft zu schnappen. Lassen Sie ihn sich lösen und etwas trinken, wenn er möchte. Gehen Sie nun in den Yogaraum, leinen Sie den Hund ab, nehmen Sie Halsband oder Geschirr ab und schauen Sie, ob Ihr Hund Ihnen gerne folgt und aufmerksam genug ist, um ins Training zu gehen. Halsband und Geschirr abzunehmen macht es dem Hund bequemer. Wir können aber so auch seinen Körper genauer sehen und er kann sich freier bewegen.

Wir trainieren nie mehr als eine Haltung, Aktion oder einen Ausdruck des Dogyoga gleichzeitig, weil wir extreme Klarheit im Training möchten. Wir lehren einen Hund, sich langsam zu bewegen und seinen Körper auf eine Art und Weise zu benutzen, die er noch nicht kennengelernt hat. Selbst die einfachsten Haltungen sind harte Arbeit und erfordern Klarheit des Geistes sowohl vom Hund als auch von Ihnen, damit eine Kommunikationsverbindung geschaffen werden kann. Genauigkeit und gutes Timing sind wichtig, was nur möglich ist, wenn wir ganz klar wissen, was wir möchten. Wir können einen fließenden Dialog schaffen, in dem kleine Körperbewegungen vom Hund als bedeutsam interpretiert werden. Das ist außerordentlich zu sehen und emotional eine sehr schöne und positive Sache. Es entwickelt sich ein Dialog über die Artengrenzen hinweg.

Je nach natürlicher Verfassung Ihres Hundes können die Sitzungen länger oder kürzer als eine halbe Stunde sein. Hunde brauchen Zeit zum Deeskalieren und zum Verarbeiten, genau wie wir. Je länger die Sitzung, desto mehr Pausen brauchen Sie und Ihr Hund. Die Zahl der Pausen sollte sich im Lauf der Sitzung erhöhen: Die ersten fünf bis zehn Minuten können Sie durchtrainieren, während in den letzten zehn Minuten vielleicht drei einminütige Pausen nötig sind. Gehen Sie nach draußen oder folgen Sie den Vorschlägen für Pausengestaltung weiter unten.

Bei einer lernfördernden Umgebung und mit bewusster Klarheit des Geistes sollten die Haltungen klar, sauber und bequem sein – sowohl körperlich als auch mental. Ein Hund benötigt Raum: körperliche Distanz zu uns und zeitlichen Raum, um Fortschritte zu machen. Das Training erfordert Körperbewusstsein und Informationsverarbeitung vom Hund und wir hoffen, damit eine Veränderung des körperlichen, emotionalen und mentalen Grundzustands zu erreichen. Das ist nur möglich, wenn der Schüler eine echte Verbindung zum Lehrer hat. Der Dialog im Training fließt konstant. Er hat keinen Anfang und kein Ende – er ist ein Fluss kommunikativer Gedanken und Gefühle, die vom Hund durch Geruch, Gehör und Bewegung verstanden werden und von uns durch ein neu gewonnenes Bewusstsein und Verständnis vom Körper unseres Hundes. Dies erfordert Arbeit vom Hund und von uns.

Freiwilliges Lernen ist die beste Lernform für das Dogyoga (und meiner Meinung nach für jedes Lernen), weil der Prozess niemals Zwang oder Druck enthalten sollte. Mit Klarheit und ohne Druck im Kopf sollten die Sitzungen immer kurz und angenehm sein. Wirklich kurz!

NUR SPIELEN ...

Spiel hat eine Funktion. Sie besteht darin, etwas auszuprobieren und in der Folge zu lernen. Wir probieren Dinge auf zwanglose, druckfreie Weise aus und tun Dinge, die sich richtig, gut und interessant anfühlen. Für diese Neugier werden wir mit Lernen belohnt,

was Spielen zu etwas Produktivem macht – aber es gibt kein Ziel dabei. Spiel hat kein Ende oder bestimmtes Ziel außer den persönlichen und flexiblen Zielen, die wir uns selber während des Prozesses setzen.
Der renommierte Psychologe Jean Piaget betrachtete Kinder als „kleine Wissenschaftler" und der russische Psychologe Lew Wygotskij meinte, gestaltetes Spiel sei vom Lernaspekt her das beste Spiel. Auch Hunde können als kleine Wissenschaftler betrachtet werden. Sie spielen mit ihrer Umgebung und wir leiten ihr Spiel, indem wir ihren Handlungen und Entscheidungen werthaltige, funktionale Belohnungen zuerkennen. Ein Hund bellt – wir geben ihm Aufmerksamkeit; er springt uns an – wir berühren ihn.

Das Lernen durch Spiel ist sowohl natürlich als auch extrem effektiv. Davon ausgehend sollten Dogyoga-Sitzungen (wie jede Trainingssitzung) so gestaltet sein, dass sie eine spielerische Art des Lernens fördern – und es gibt nichts Schöneres, als dabei Ausdrücke von Freude zu sehen. Frustration und Langeweile im Training müssen um jeden Preis vermieden werden. Wenn wir uns gewaltfreie Trainer nennen möchten, müssen wir uns auch bemühen, ohne Gewalt zu trainieren. Was auch jede Form geistiger Gewalt einschließt. Aus diesem Grund mag ich den Begriff „Lehrer" oder „Trainer" nicht besonders gerne. Wir ermöglichen einfach das Lernen – das und nichts anderes tun gute, gewaltfreie Fachleute.

Wir schaffen eine Umgebung, in der Lernen für den Hund und für uns möglich und wahrscheinlich ist. Wir selbst lernen im Dogyoga oft genauso viel wie unsere Hunde – der Prozess geht in beide Richtungen. Wir sorgen für die Anleitung, während der Hund spielt und lernt, was ihm Belohnungen einbringt. Für uns ist wichtig zu verstehen, dass Spiel nicht etwa das Gegenteil von Arbeit ist. Spiel, dem man Richtung und Funktion gibt, stellt sicher, dass Hunde aus ihren derzeitigen Fähigkeiten und früheren Erfahrungen lernen. Solches Lernen ist unabhängig, macht Spaß und scheint für unsere vierbeinigen Freunde selbstbelohnend zu sein.

Wissen Sie das Spiel zu schätzen: Es ist der beste und fröhlichste Weg zum Lernen.

PRINZIPIEN DES LERNENS

EXPERIMENTIEREN

Anfangs belohnen wir Hunde in den meisten Haltungen, Ausdrücken und Aktionen fürs Ausprobieren. In den ersten Sitzungen wird dieser Prozess länger dauern. Wir verstärken Kreativität, aber bis kreatives Denken zu einem geübten Lernweg geworden ist, mag die Sitzung dem Hund wie ein ganz normales Spiel erscheinen. Mit der Zeit wird der Hund aber lernen, dass in jeder Sitzung eine andere

Ella experimentiert, um herauszufinden, was ihr die Belohnung einbringt. Anfangs belohne ich sie dafür, dass sie das Target einfach nur irgendwo mit der Nase anstupst.

Nachdem sie auch andere Körperteile ausprobiert hat, merkt sie, dass nur Nasenberührungen belohnt werden – also beginnt sie, diese zu wiederholen.

Wenn Ella das Ziel der Übung verstanden hat, belohne ich nur noch Nasenberührungen in der Mitte des Targets.

Haltung, Aktion oder ein anderer Ausdruck belohnt wird. Dieses Konzeptlernen ist sehr wichtig und lehrt unsere Hunde, kreativ zu denken und uns verschiedene Dinge anzubieten.

Um diesen Prozess zu unterstützen, beginnt jede Sitzung damit, dass der Hund entdeckt und probiert. Oft geben wir ihm Hinweise, indem wir als erstes eine schon bekannte Position wie Sitz oder Platz verlangen, aber dann können wir ihn anschließend nachdenken lassen. Er probiert vielleicht verschiedene Formen und Bewegungen aus – und als gute Coaches sollten wir dies nie, niemals bestrafen. Das bedeutet, dass wir niemals „nein" oder „eheh" sagen, während der Hund experimentiert oder ihn darin verstärken, dass er etwas falsch macht. Hundetrainer nennen diese Art der verbalen Verstärkung „Nichtbelohnungsmarker". Sie kündigen nichts an, und meiner Erfahrung nach steigert die natürliche Löschung viel eher die Kreativität in den folgenden Sitzungen (man lässt den Hund für sich allein lernen, dass das Zeigen einer inkorrekten Haltung ihm keine Belohnung einbringt). Meiner Meinung nach schwächen Nichtbelohnungsmarker das eigenständige Lernen und die Kreativität, besonders bei ängstlichen Hunden und auf Unterordnung trainierten.

Dogyoga ist ein Prozess, kein Endziel, und damit sind auch alle Lernbestandteile positiv und progressiv. Etwas falsch zu machen ist einfach nur ein Teil davon, etwas richtig zu machen. Wenn wir überhaupt etwas tun, sollten wir neues Verhalten mit einem Lächeln unterstützen und uns freuen, dass unser Hund experimentiert – und es ganz sicher nicht bestrafen.

WIEDERHOLTES ÜBEN

Das zweite Lernprinzip im Dogyoga ist wiederholtes Üben. Es verläuft in Form eines Glockenkurvendiagramms: Der Hund findet auf den richtigen Weg, übt das verstärkte Verhalten einige Male und scheint es dann zu „vergessen" – er beginnt andere Dinge auszuprobieren, um zu sehen, ob ihm diese vielleicht auch eine Belohnung einbringen könnten. An dieser Stelle würde ich normalweise eine Pause machen und dann wieder damit beginnen, dem Hund ein strukturiertes Hand- oder Wortsignal zu geben, ihn also mehr zu unterstützen.

Feinabstimmung

Das dritte und letzte Lernprinzip ist die Feinabstimmung. Im Verlauf dieser Phase hat der Hund herausgefunden, was ihm den Click und die Belohnung einbringt, weshalb unser Ziel dieses Mal darin besteht, stärkere und länger andauernde Verhalten zu bekommen. Unsere Hunde stimmen sich mit Hilfe einer klaren Umgebung und Markern, die ihnen zeigen, dass sie in der richtigen Richtung unterwegs sind, sehr fein darauf ab, was ihnen die Belohnung einbringt.

Experimentieren, wiederholen und feinabstimmen ...

Lassen Sie uns nun einmal als Beispiel betrachten, wie die Borderterrierhündin Nora eine Halsdehnung nach links lernt. Zu Beginn kommt sie in den Yogaraum und schnüffelt herum. Wir fragen ein „Sitz" ab, und da es die dritte Sitzung ist, weiß sie, dass sie sich ein Leckerchen verdienen kann, wenn sie etwas tut. Vielleicht gibt sie zuerst Pfote oder bellt oder sitzt einfach sehr gerade. All das ist in Ordnung, sie experimentiert. Irgendwann dreht sie leicht ihren Kopf- Click und Leckerchen. Wir leiten ihr Experimentieren nun und geben ihrem spielerischen Lernen eine Richtung. Nora wiederholt diese Halsdrehung vier Mal und verdient sich vier Leckerchen. Dann gibt sie wieder Pfote ... nichts. Hmm, also steht sie auf und geht ein bisschen herum.

Ein guter Lerncoach erkennt nun, dass sie eine Pause zum Verarbeiten braucht. Er steht selbst auf und trinkt etwas, während der Hund den Raum verlässt, ein bisschen herumschnüffelt und dann wieder zum Menschen zurückkommt. Sie wiederholt jetzt die Kopfbewegung, diesmal mit mehr Gewissheit, weitere zehn Male.

Der Coach erkennt, dass deutliches Lernen stattgefunden hat und weist der Halsdehnung ein Wort- und Handzeichen zu. Nora übt weitere fünf Male Halsdehnung, diesmal auf Signal. Jetzt beginnt der Coach, nur bestimmte Halsdehnungen zu clicken (die längsten) und Nora arbeitet an der Feinabstimmung, indem sie schließlich auf Kommando „Hals links" ihren Hals nach links oben streckt, bis sie den Click hört.

Training mit Leckerchen

Wir arbeiten mit Clicker und Leckerchen, um dem Hund Haltungen beizubringen. Das ist der klarste und effektivste Weg, einem Hund zu zeigen, was wir möchten. Mit der Zeit wird die Haltung selbst für den Hund bedeutungsvoll und belohnend, aber solange wir sie noch lehren, gibt es einige wichtige Dinge in Sachen Futter und Training zu bedenken.

Wir benutzten Clicker und Leckerchen, um dem Hund zu zeigen, was wir von ihm möchten: Ein bestimmtes Bein zu benutzen, länger in dieser Position zu bleiben usw. Wir bringen ihm nicht einfach nur bei, Leckerchen zu folgen, sondern wir möchten, dass er mit uns lernt. Meiner Meinung nach ist freies Formen dazu der beste Weg, sprich dem Hund für optimales Lernen viele Entscheidungsmöglichkeiten anzubieten.

Motivation ist der Schlüssel und oft wird angenommen, dass wir im Hundetraining den höchstmöglichen Motivator einsetzen müssten. Dabei kann es für das Lernen sogar kontraproduktiv sein, die beliebteste Futterbelohnung einzusetzen. Wichtig ist, dass wir den richtigen Motivator wählen. Die richtige Motivation unterstützt den Lernprozess und beschleunigt das Lernen. Wenn ich versuche, einen futterfixierten Labrador mit Hühnchen, Sardine, Erdnussbutter oder Wurststückchen zu trainieren, ist es unwahrscheinlich, dass er sein Gehirn einschalten wird. Wenn wir ihn allerdings hungern lassen und ihm sein Fressen vorenthalten, bevor wir trainieren, lassen wir ihn nicht nur leiden und bringen ihm bei, dass das Leben unvorhersehbar ist, sondern verringern auch seine Konzentrationsfähigkeit.

1. Wählen Sie Leckerchen von mittlerer Wertigkeit. Für sehr futterfixierte Hunde könnten das zum Beispiel Stückchen seines üblichen Trockenfutters sein. Für einen unmotivierten Windhund könnte es beispielsweise ein Stückchen geräucherter Lachs sein. Nehmen Sie nichts, was Ihren Hund von der Konzentration auf die Aufgabe ablenken könnte, aber auch nichts, was ihm nichts wert ist. Suchen Sie nach einer Entsprechung für eine Tüte Kartoffelchips – kein Stückchen Brokkoli, aber auch kein Schokoriegel!
2. Die Leckerchen sollen sehr klein geschnitten werden. Bei einem Hund von der Größe eines Jack Russels sprechen wir von der Größe eines halben kleinen Kinderfingernagels, bei einem Mastiff von der eines halben Daumennagels eines Mannes.
3. Die Leckerchen müssen fest genug sein, dass man sie auf den Boden werfen kann, ohne dass sie dort auseinanderfallen.
4. Der Hund muss sie bequem schlucken können.
5. Sie sollten weder zu süß noch zu salzig sein. Alles in Maßen!
6. Da Sie die Leckerchen in Portionen sortieren, sollten sie gut zählbar sein.
7. Denken Sie daran, die Leckerchen von der normalen Futterration abzuziehen.

Leckerchen optimal genutzt

Bedenken Sie beim Training, dass es nicht nur die Art des Leckerchens ist, die den Wert der Belohnung bestimmt. Auch die Art, wie wir es dem Hund geben, kann seine Motivation steigern oder senken. Wir könnten beispielsweise aufgeregt plappern – „was ist daaas denn, schau mal hier, bist du so weit?“ etc., den Hund einmal kurz am Futter schnüffeln lassen und dann, wenn er das Trainingskriterium erfüllt hat, ihm das Futter werfen und ihn es „jagen“ lassen. Bei vielen Hunden würden wir damit den Wert des Leckerchens um das Zehnfache steigern. Wenn wir die Energie erhöhen möchten, müssen wir die Motivation zum Verdienen der Belohnung erhöhen. Wenn der Hund zu stark auf das Futter fixiert oder übererregt ist, versuchen Sie, ihn ein paar Mal direkt aus Ihrer Hand zu belohnen. Das kann die Energie deutlich senken!

Es lohnt sich, das Energieniveau zu berücksichtigen, wenn wir einen Hund trainieren. Ich finde, wir sollten einen Hund mit der Energie belohnen, die wir von ihm möchten. Wenn wir ein ruhiges Sitz möchten, sollten wir auch ruhig belohnen und idealerweise das Leckerchen fallen lassen oder direkt aus der offenen Hand füttern. Wenn wir dagegen Bewegung und mehr Energie vom Hund möchten, müssen wir auch mit Bewegung und Energie belohnen – etwa das Leckerchen werfen und mit aufgeregter Stimme für mehr Vorfreude sorgen.

Trainingsgeschwindigkeit

Die Trainingsgeschwindigkeit im Dogyoga bezieht sich darauf, wie schnell wir die Kriterien verändern, um eine Haltung, Aktion oder einen Ausdruck zu erreichen. Sie hängt von ihrem Hund ab. Versuchen Sie, sich nicht

VORSCHLÄGE FÜR LECKERCHEN

Versuchen Sie eine Mischung der unten aufgezählten Leckerchen, die Sie alle in einer Schüssel mischen und etwas Knoblauch darüber pressen:

- **Lachs**
- **Sardine (getrocknet)**
- **In Sardinenöl eingeweichtes und dann 24 Stunden im Kühlschrank gelagertes Trockenfutter**
- **Käsewürfel**
- **Schinken**
- **Wurststückchen**
- **Hühnchen**
- **Lamm**
- **Bananenwürfel**
- **Karottenwürfel**
- **Apfelwürfel**
- **Normales Trockenfutter (verschiedene, idealerweise nicht zu hoch im Proteingehalt)**

von Vorurteilen bezüglich Rasse, Alter oder Herkunft leiten zu lassen. Es gibt Bassets, die schneller lernen als Collies und Welpen, die mehr Zeit und Raum zum Lernen brauchen als ältere Hunde. Jeder Hund hat sein eigenes Tempo, das von seinem Lerngehirn, seiner Fähigkeit, Sie zu verstehen, seinem Spaß am Training und davon abhängt, ab welchem Punkt er genug hat.

Beim Durcharbeiten der Lektionen werden Sie etwas über das Gehirn Ihres Hundes lernen und wie er es benutzt. Möglicherweise braucht er viele Pausen, kann aber viele Mini-Sessions hintereinander absolvieren – oder er bevorzugt weniger Pausen und längere Sitzungen, aber häufige und reichliche Leckerchengaben.

Halten Sie zu Beginn die Geschwindigkeit niedrig. Aus diesem Grund müssen Sie die Leckerchen für jedes Kriterium vorher abzählen. Berücksichtigen Sie jedes einzelne. Wie schnell hat Ihr Hund das gewünschte Verhalten ausgeführt? Wie selbstbewusst war seine Körpersprache? Hat er es verstanden? Wenn ja, ist schnelles Weitergehen im Training die richtige Wahl. Ihn das gleiche Verhalten immer wieder und mit immer dem gleichen Ergebnis wiederholen zu lassen, wird frustrierend und langweilig. Aber auch das Weitergehen zum nächsten Kriterium, bevor er seinen „Erleuchtungsmoment" hatte, ist verwirrend und verringert seine Lernmotivation. Ich habe in Teil 2 eine Anleitung dafür ausgearbeitet, wie viele Leckerchen Sie für jedes Kriterium benötigen, aber verstehen Sie diese nur als Richtwert. Die Anzahl ist lediglich ein Durchschnitt, der sich aus vielen Hunden und vielen Situationen ergeben hat. Vielleicht geben Sie auch 20 Leckerchen mehr in die Schüssel und brechen die Kriterien in noch kleinere Stücke herunter. Vielleicht kommt Ihr Hund durch manche Schritte auch schneller als gedacht. Wenn Geschwindigkeit und Belohnungsfrequenz stimmen, sollte es zu keiner Frustration kommen und das Lernen geht schnell und mit Freude vonstatten.

Dass Sie zum nächsten Kriterium weitergehen können, erkennen Sie daran, dass Ihr Hund Frequenz und Intensität der Handlung, die Sie clicken, gesteigert hat.

Innehalten und Kratzen kann ein Weg zum Spannungsabbau sein, aber auch ein Zeichen für Frustration oder dafür, dass der Hund Zeit zum Verarbeiten braucht.

Nach einigen Sitzungen werden Sie diese Momente des Verstehens („Aha, das bringt mir den Click ein!") besser erkennen lernen. Dann ist es Zeit, entweder weiterzugehen oder an der Feinabstimmung zu arbeiten.

BELOHNUNGSFREQUENZ

Wie oft Sie einen Hund belohnen, ist eine extrem wichtige Überlegung und hängt auch vom einzelnen Hund ab. Die goldene Regel ist: Wenn die Motivation nachlässt, also Ihr Hund offensichtlich abgelenkt oder desinteressiert wird, senken Sie die Kriterien und erhöhen Sie die Belohnung. Was nichts anderes bedeutet, als dass Sie die Aufgabe einfacher machen und ihm mehr Leckerchen für weniger Leistung geben müssen.

Nehmen wir zum Beispiel einmal an, Sie möchten Ralph die Drehung beibringen und belohnen ihn dafür, dass er seinen Körper in einem Halbkreis nach links bewegt. Falls Ralph das Interesse verliert, belohnen Sie ihn schon für Vierteldrehungen. Das macht es für ihn einfacher, weil es eine Aufgabe ist, die er schon kennt. Und weil sie ihm leichter fällt, zeigt er die Vierteldrehung öfter und bekommt damit auch mehr Clicks und Leckerchen. Das wiederum steigert normalerweise Energie und Motivation, sodass Sie anschließend mit besserer Laune weitermachen können. Manchmal kann es aber auch ein Zeichen dafür sein, dass Ihr Hund eine kleine Pause braucht. Idealerweise kommen die Leckerchen immer häufig. Es gibt kein schöneres Geräusch als den Click!

OPTIMALES FORMEN MIT DEM CLICKER: WAS IST DAS?

OPTIONSTRAINING

Optionstraining bedeutet ganz einfach, dass der Hund im Verlauf des Trainings sehr viele Optionen hat – einschließlich der, nicht zu trainieren. Er kann jederzeit weggehen und sich entscheiden, am Lernprozess teilzunehmen oder nicht. Dies gibt ihm Mitbestimmung und stellt sicher, dass die Entscheidung zum Trainieren von Ihnen beiden gefällt wurde. Der Hund kann genau wie Sie wählen, wann er Pausen machen möchte. Er kann auch entscheiden, dass er nicht mitmachen möchte. Er kann die Dinge beschleunigen oder Ihnen zeigen, dass es langsamer gehen muss. Wir müssen diese Dinge bei unseren Hunden erkennen, um die größtmögliche Freude an den Sitzungen zu haben. Sind wir aber erst aufeinander eingestimmt, schafft das Optionstraining eine machtvolle Art des dualen kommunikativen Lernens, das nicht nur die Bindung zwischen Hund und Besitzer stärkt, sondern auch den „Lernverstand" des Hundes zu öffnen scheint.

Schaffen Sie dem Hund Ausgänge, aus denen er weggehen kann, ohne dass ihm jemand folgt. Achten Sie ständig auf Verhalten, die darauf hinweisen, dass der Hund eine Pause braucht. Wir werden später noch näher darauf eingehen, aber beim Optionstraining muss der Hund auch die Option haben, zu lernen. So gestalten wir die Trainingszeit so produktiv und positiv wie möglich. Gewaltfreies Training heißt nicht nur, nicht zu schlagen, nicht zu kneifen oder keine Stromschläge zu verpassen. Wirklich gewaltfreies Training vermeidet jede Art von Zwang – und auch den Hund zur Arbeit mit Ihnen zu zwingen ist Zwang. Geben Sie ihm also die Wahl, ob er mitmachen möchte oder nicht.

TRAINIEREN MIT DEM CLICKER

Ein Clicker ist ein kleines Plastikkästchen mit Metallzunge oder Knopf, das beim Drücken ein Clickgeräusch produziert. Das Clickertraining ist eine Methode, die in den 1980er Jahren durch Karen

Ella kann den Raum jederzeit verlassen – hier entscheidet sie sich aber, zu mir zu kommen und mitzumachen.

Pryors hoch erfolgreiches Buch *Don't shoot the dog* (dt.: *Positiv bestärken, sanft erziehen*) bekannt wurde. Sie selbst wendete die Methode zuerst bei Meeressäugern an und nutzte sie dann später, um auch Haustiere zu trainieren. Die Methode ist einfach und die Menschen sind oft verblüfft von den Ergebnissen, die mit Hilfe des kleinen Kästchens erreicht werden können.

WIE FUNKTIONIERT CLICKERTRAINING?

1. Der Lerncoach schafft eine Umgebung, in der es wahrscheinlich ist, dass der Hund bei dem erwünschten Verhalten mitmacht. Zum Beispiel legt er eine Matte auf den Boden, auf die der Hund sich setzen soll.
2. Wir markieren die Aktion – zum Beispiel die Bodenberührung des Hundepopos – mit einem Click.
3. Wir lassen jedem Click eine Futterbelohnung folgen.
4. Wir wiederholen dies, bis der Hund das Verhalten häufiger und intensiver zu zeigen beginnt.

Clicker gibt es in verschiedenen Formen und Farben, aber alle funktionieren nach dem gleichen Prinzip: Beim Daraufdrücken machen sie ein Clickgeräusch.

5. Dann entfernen wir nach und nach unsere anfängliche Lernhilfe. In diesem Beispiel würden wir etwa langsam die Matte wegnehmen (vielleicht sie auf die Hälfte falten und dann nochmals auf die Hälfte, bevor wir sie ganz wegnehmen).
6. Dann warten wir, dass der Hund das Verhalten wiederholt, sprich sich auch ohne Matte zum Hinsetzen entschließt.
7. Wir markieren jedes Mal, wenn der Hund die Aktion wiederholt, mit Click und Leckerchen.
8. Nach jedem Click folgt auch eine Belohnung.
9. Nun fügen wir ein Signal hinzu (Wort und/ oder Handzeichen), um dem Hund anzukündigen, was wir von ihm möchten.

Ein Hund wird durch den Clicker konditioniert. Sein Gehirn verknüpft das Geräusch mit der Belohnung. Dann lehren wir ihn, dass seine Aktion das Geräusch auslösen kann. Folglich beginnt er für den Click zu arbeiten, weil er weiß, dass dieser immer zu einer Futterbelohnung führt. Der Click markiert klar, wann der Hund das von uns Gewünschte getan hat. Das verschafft uns mehr Zeit, ein Leckerchen aus der Schüssel oder Futtertasche zu angeln, bevor er Aktion und Belohnung nicht mehr miteinander verbindet. Lernen kann auch ohne einen Clicker stattfinden, wenn Sie einen Hund einfach jedes Mal belohnen, wenn er das gewünschte Verhalten ausführt, aber es scheint deutlich langsamer zu gehen und wir haben es viel schwerer, weil wir die Leckerchen schnell zum Hund bringen müssen – etwas, das nur die wenigsten Menschen gut können.

HÖRZEICHEN

Bei dieser Art des Trainings fügen wir dann Hörzeichen hinzu, wenn das Verhalten wiederholt richtig gezeigt wird. Wenn wir zum Beispiel „Sitz" trainieren, darf das Wort „Sitz!" erst dann eingeführt werden, wenn der Hund schon versteht, was wir möchten. Wir bringen ihm zuerst bei, dass er sich hinsetzen muss, um Click und Leckerchen zu verdienen. Dann beginnen wir „Sitz!" zu sagen und belohnen das Verhalten nur noch, nachdem es auf das Signal hin gezeigt wurde. Wenn wir neue Hörzeichen einführen, müssen diese anfangs sehr deutlich gesprochen werden und evtl. von einem Handsignal oder einer anderen Ermutigung unterstützt werden. Das ist klar und verwirrt einen Hund nicht. Es sagt ihm, dass „Sitz!" eine verlässliche Voraussage dafür ist, dass sein Verhalten bestärkt werden wird.

Wenn wir schon während des Trainingsprozesses „Sitz!" zu sagen beginnen, bevor der Hund die Position zuverlässig hält, verwässert dies die Bedeutung des Hörzeichens. Und wenn wir „Sitz!" sagen und gleichzeitig ein Handzeichen geben, das der Hund schon kennt, wird er nicht auf das Wort hören oder darauf hin handeln, sondern einfach nur auf das Handsignal reagieren. Er wird das Wort zwar trotzdem lernen, aber es wird länger dauern und unklarer sein.

FORMEN

Formen ist einfach nur eine der Möglichkeiten, den Clicker einzusetzen. Man clickt und belohnt die Annäherung an das Verhalten, das man unter Signal stellen möchte und verändert dann die Trainingskriterien hin zu immer mehr Genauigkeit, bis der Hund das vollständige gewünschte Verhalten zeigt. Bei manchen Haltungen, Ausdrücken und Aktionen ist es schwieriger, mit Formen zu arbeiten, aber wir versuchen diese Methode so oft es geht einzusetzen. Sie stimuliert das Gehirn und ist meiner Meinung nach die effektivste Form kommunikativen Lernens zwischen Besitzer und Hund. Der Hund muss herausfinden, welche seiner Bewegungen ihm den Click einbringt und muss seine Ideen anbieten. Das mag anfänglich schwer für ihn zu verstehen sein, aber sobald Lernen durch Formen stattgefunden hat, ist der Hund mental voll

Jetzt, wo Alfie oft nach oben schaut, um sich seine Belohnung zu verdienen, ist es Zeit, dem Verhalten einen Namen zu geben, der als Hörzeichen dient.

Anfangs belohne ich Archie dafür, dass er beide Vorderpfoten irgendwie vom Boden nimmt.

Um ein richtiges „Männchen“ zu erhalten, belohne ich nur noch, wenn die Vorderbeine auf gleicher Höhe bleiben.

beteiligt. Was die Entwicklung eines denkenden Gehirns angeht, ist dies besser, als einen Hund in eine Position zu locken oder ein zufällig gezeigtes Verhalten mit dem Clicker „einzufangen“. Letzteres dauert in der Regel länger, ist für den Trainer schwieriger zu kontrollieren und trägt weniger zur Schaffung eines positiven Mensch-Hund-Dialogs bei.

Lassen Sie uns als Beispiel eine simple Instruktion anschauen: Dreh dich links (komplette Linksdrehung auf der Stelle). Wenn wir hierzu das Locken anstelle des Formens nutzen, nehmen wir ein Leckerchen in die Hand und ermuntern den Hund, ihm in einer Kreisbewegung zu folgen, wobei wir die Mitte der Drehbewegung clicken. Dann schleichen wir das Lockfutter aus, das heißt wir reduzieren langsam und über mehrere Wiederholungen hinweg, wie stark wir unsere Hand einsetzen, um den Hund in die Drehung zu locken. Dann clicken wir eine zu drei Vierteln vollständige Drehung und schließlich nur noch die vollständige. Dann reduzieren wir das Handsignal, bis wir nur noch zeigen müssen und clicken nach vollständiger Drehung. Sobald dies wiederholt verlässlich klappt, beginnen wir ein Hörzeichen als Vorhersage dafür einzusetzen, dass der Hund sich eine Belohnung verdienen wird.

Wenn wir das Verhalten einfangen, warten wir, bis der Hund sich irgendwann von sich aus links herum dreht markieren dieses Verhalten mit Click und Belohnung. Dann warten wir, bis er wiederholt, um wieder zu clicken und zu belohnen. Erst, wenn der Hund die Drehung aktiv und häufig wiederholt, führen wir das Hörzeichen ein.

Beim Formen dagegen clicken wir zu Beginn jede Annäherung an das Verhalten. Zum Beispiel, wenn der Hund nach links schaut, so unmerklich die Bewegung auch sein mag. Wir machen ein paar Wiederholungen und clicken dann nur noch für die deutlicheren Kopfbewegungen. Nach mehreren Wiederholungen hiervon ist zu erwarten, dass der Hund das Verhalten häufiger zeigt, sprich die Kopfdrehung öfter anbietet. Außerdem erwarten wir eine Steigerung der Intensität, z.B. betontere Kopfdrehungen. Sobald Häufigkeit und Intensität sich gesteigert haben, halten wir den Click zurück, bis der Hund herausfindet, dass er nun auch den Körper leicht nach links drehen muss, um den Click zu bekommen. Nach diesem Prinzip fahren wir fort, bis der Hund seinen ganzen Körper dreht, um an die Belohnung zu kommen. Dann erst führen wir das Hörzeichen ein.

Das Formen macht sich den sogenannten „Löschungstrotz" zunutze, um dem Trainer die Möglichkeit zu geben, intensiveres Verhalten zu markieren und zu belohnen und es dann feiner abzustimmen. Was bedeutet das? Löschungstrotz meint eine Steigerung in Intensität und/oder Häufigkeit eines Verhaltens, wenn etwas, das zuvor immer zu einer Belohnung führte, es plötzlich nicht mehr tut. Das beste Beispiel dafür stammt aus Karen Pryors Buch *Positiv bestärken, sanft erziehen*. Sie vergleicht es damit, die übliche Geldmünze in den Getränkeautomat zu werfen und kein Getränk dafür zu bekommen. Was tun Sie in diesem Fall? Vermutlich drücken Sie fester auf den Auswahlknopf (Steigerung der Intensität desjenigen Verhaltens, das bisher immer mit einem Getränk belohnt wurde) und öfter hintereinander (Steigerung der Häufigkeit). Vielleicht werfen Sie eine weitere Geldmünze ein. Das ist Löschungstrotz. Im Formen halten wir den Click zurück und machen uns dieses kleine Trotzverhalten zunutze, um ein besseres Ergebnis zu bekommen. Wenn wir dies tun, ist es natürlich sehr wichtig, sich der Frustration bewusst zu sein. Wir balancieren hier auf einem sehr dünnen Seil –achten Sie darauf, dass Ihre leichte Kriterienänderung den Hund nicht frustriert und es vorrangig bleibt, dass Hund weiterhin Spaß an der Übung hat und sich zum Mitmachen entschließt.

VERHALTEN AUSSCHLEICHEN

Beim Dogyoga trainieren wir immer nur eine Sache auf einmal. Wenn Ihr Hund zum Beispiel eine bestimmte Pfote höher hebt, während Sie „Männchen" üben, clicken Sie weiterhin das gewünschte Verhalten (beide Vorderpfoten in die Luft) und ignorieren das unerwünschte (eine Pfote höher als die andere). Nachdem das gewünschte Verhalten unter Signalkontrolle ist (Sie sagen „Männchen" und der Hund hebt beide Vorderpfoten), können Sie beginnen, das unerwünschte Verhalten auszuschleichen, das damit einhergeht. In diesem Beispiel würde das bedeuten, dass wir nur dann clicken, wenn die Pfoten etwas gleichmäßiger gehoben werden. Dann heben wir unsere Kriterien weiter an und verfeinern die Haltung, indem wir nur noch dann clicken, wenn beide Pfoten gleich hoch gehoben werden. Das ist Teil der Feinabstimmung.

Hunde brauchen Zeit und Platz, um sich die Intensität der Lernstunde „abzulaufen“ und um neu Gelerntes zu verarbeiten.

PAUSEN MACHEN

Es gibt viele Gründe, warum eine Pause für Sie und Ihren Hund nötig sein kann. Meistens werden zu wenige Pausen im Training gemacht. Ich rate Ihnen, die Zahl Ihrer Pausen etwa zu verdoppeln, um die Leistung Ihres Hundes zu steigern. Nicht nur der Hund braucht Pausen, um die Information konstruktiv zu verarbeiten, sondern vielleicht auch Sie, wenn etwas nicht klappt wie gewünscht. Genauso kann Ihr Hund sich fürs Aussteigen entscheiden, wenn er sich nicht gut fühlt, irgendwo anders etwas Spannenderes geschieht oder er einfach noch nicht zum Weitermachen bereit ist. All das sind gute Gründe für eine Pause.

Ich habe Pausen in fast alle Anleitungen eingeplant, aber Sie können natürlich immer dann pausieren, wenn Ihnen oder Ihrem Hund danach ist.

Die Verarbeitung ist ein sehr wichtiger Teil des Lernprozesses, weshalb es für uns und die Hunde so wichtig ist, Pausen zu machen. Beachten Sie beim Pausemachen folgendes:

1. Gehen Sie aus dem Yogaraum heraus.

2. Trinken Sie etwas Wasser und bieten Sie auch dem Hund welches an.

3. Konzentrieren Sie sich auf das, was Sie erreichen wollten und welchen Aktionspunkt Sie geclickt haben oder als nächstes clicken werden, während Ihr Hund ein wenig draußen umherspaziert und idealerweise auch seine Blase leert.

4. Atmen Sie tief ein und werden Sie sich Ihrer geistigen Verfassung bewusst:

- Wissen Sie genau, was Sie trainieren?
- Fühlen Sie sich geduldig?
- Fühlen Sie sich positiv, entspannt und mit Ihrem Hund verbunden?

Wenn Sie alle drei Fragen mit einem deutlichen Ja beantworten können, gehen Sie wieder hinein und warten auf Ihren Hund. Sie können ihn auch rufen, aber wenn er sich wieder zum Rausgehen entschließt, legen Sie den Clicker weg und setzen sich auf den Boden zu ihm. Für heute ist das Training zu Ende – kuscheln oder spielen Sie stattdessen!

Denken Sie daran, dass Verzeihen und Zuneigung in jeder Beziehung wichtig sind und auch daran, dass Ihr Hund keine bestimmte Richtung verfolgt. Das Training ist nur dann freudig, progressiv und positiv, wenn Sie beide gleichermaßen am Prozess teilnehmen. Auf lange Sicht findet mehr Lernen statt, wenn Sie nach diesem Muster vorgehen - und Sie steigern außerdem die Motivation.

Wenn Ihr Hund während einer Trainingssitzung und außerhalb der Pause aussteigen möchte, dann lassen Sie ihn. Rufen Sie ihn nicht zurück, sondern warten Sie, dass er sich zum Wiedermitmachen entschließt. Nutzen Sie die Gelegenheit für eine Pause und versuchen Sie es später wieder. Zeitdruck darf bei dieser Art des Trainings keine Rolle spielen. Wenn das Warten auf Ihren Hund Sie also nervös macht, machen Sie für diesen Tag Schluss und trainieren morgen oder dann, wenn Sie mehr Zeit haben, weiter.

DAUER AUFBAUEN

Bei allen Haltungen sind wir nach Ruhe bestrebt, das heißt wir möchten, dass der Hund die Position im Idealfall hält. Dazu bringen wir ihm bei, dass der Click ihn aus dem abgefragten Verhalten befreit. In Teil zwei des Buchs werden wir detailliert darauf eingehen, wie wir diese Dauer bei der ersten Haltung „Sitz“ trainieren. Die Methode ist für alle Haltungen die gleiche.

Wir lehren den Hund, dass der Click das Ende des Verhaltens signalisiert. Dazu fragen wir zunächst die Haltung ab, z.B. „Platz“. Dann belohnen wir den Hund direkt, solange er noch in dieser Position ist, aber ohne Click. Wenn er die Position verlässt, fragen wir einen neuen Versuch ab. Füttern Sie, treten Sie einen Schritt zurück und clicken und belohnen Sie dann vor dem Hund auf dem Boden, um ihn zum Verlassen der Position zu locken.

Im Beispiel einer Drehung fragen wir die Drehung ab, füttern direkt ins Maul, warten (ohne Aufforderung) auf eine weitere Drehung, füttern direkt ins Maul, clicken dann und belohnen, indem wir ein Leckerchen auf den Boden werfen. Nun warten wir auf zwei Drehungen (Drehung-Pause-Drehung), bevor wir belohnen (nicht clicken) und wiederholen. Variieren Sie dabei, wie viele Drehungen der Hund zeigen muss, um sich ein Leckerchen zu verdienen. Lehren Sie den Hund, das Verhalten so lange zu wiederholen, bis er den Click hört.

Darauf können wir dann aufbauen. Zum Beispiel: Fragen Sie eine flach liegende Position ab. Warten Sie und füttern Sie direkt ins Maul. Treten Sie einen Schritt zurück. Bleibt der Hund in Position, belohnen Sie wieder, clicken Sie dann und werfen ein Leckerchen auf den Boden, um ihn freizugeben. Verlässt er sie, fragen wir die Position einfach erneut ab und tun wieder exakt das Gleiche: Belohnen und dann mit dem Clicker freigeben. Mit der Zeit erhöhen wir die Zahl der Schritte, die wir weggehen und die Zeitdauer zwischen den Leckerchen, bis er lernt, seine Position zu halten. Er tut dies dann so lange, bis wir ihn entweder mit dem Clicker freigeben oder mit Hand-oder Hörzeichen zum Einnehmen einer anderen Position auffordern.
So lernt Ihr Hund, dass Bleiben sich lohnt. Es baut Kontrolle auf und lehrt ihn, so lange Unbeweglichkeit, Impuls- und Muskelkontrolle zu üben, bis etwas anderes verlangt wird.

Lily lernt, dass es sich lohnt, zu bleiben, wo sie ist. Nach und nach kann ich ein immer längeres „Steh“ verlangen.

WENN FRUSTRATION ODER LANGEWEILE AUFKOMMEN

Sich kratzen, rollen, spielen, bellen oder winseln während des Trainings sind meist Anzeichen für Frustration und Verwirrung. Wenn ein Hund wiederholt dazu aufgefordert wird, etwas zu tun und nicht genau versteht, was gemeint ist, kann das zu enormer Frustration führen. Auch wenn er etwas schon Gelerntes immer wieder und mit immer dem gleichen Ergebnis wiederholen soll, kann das sehr langweilig werden. Frustration und Langeweile sollten in diesem (und jedem anderen) Training keinen Raum haben. Wenn Sie bemerken, dass eins von beiden aufkommt, können Sie ein paar Dinge ausprobieren.

Vor allem aber sollten Sie in erster Linie eine Pause machen und über Ihr Tempo, die Belohnungsfrequenz und die Angemessenheit Ihrer Kriterien nachdenken. Wenn die Anzeichen dann immer noch auftreten, versuchen Sie folgendes:

Senken Sie Ihre Kriterien und erhöhen Sie die Belohnung. Machen Sie es dem Hund sehr leicht, indem Sie das Verhalten in besser zu bewältigende Schritte herunterbrechen. Wenn Sie versuchen, ihm das Heben einer Pfote beizubringen, clicken Sie einfach jede Pfotenbewegung und beginnen dann das Formen von dort aus. Damit gewinnen Sie wieder seine Aufmerksamkeit und machen das Training wieder interessanter.

Wichtig ist, Anzeichen für Frustration oder Langeweile zu erkennen und das Training entsprechend anzupassen.

Wiederholen Sie ein paar Dinge, die er schon kann: Alle Hunde haben etwas, das ihnen besonders leicht fällt. Normalerweise sind das Sachen wie „Sitz", „Platz", „Stups", „Pfote" etc. Wenn er sich zu langweiligen beginnt oder frustriert wird, fragen Sie etwas ab, das er gut und gerne tut und trainieren dann weiter, wobei Sie aber einen Schritt weiter zurückgehen als beim letzten Durchgang.

Machen Sie Pausen. Jeder braucht Raum und Zeit zum Verarbeiten von Informationen. Das bewahrt auch Sie vor Frustration und Ärger. Gehen Sie ein Glas Wasser trinken, lesen sich die Übung noch einmal durch und ermuntern Ihren Hund, Dampf abzulassen, bevor Sie ihn zurückbitten oder warten, dass er wieder in den Yogaraum kommt.

Lassen Sie es für heute genug sein. Hunde haben genau wie wir auch schlechte Tage! Wenn Ihrer heute keinen Spaß am Training hat, gehen Sie stattdessen mit ihm spazieren und versuchen Sie es morgen wieder.

TEIL 2: WIE MAN DOGYOGA TRAINIERT

HALTUNGEN

Es gibt im Dogyoga 30 Haltungen, die in drei Kategorien fallen: Sitz, Steh und Platz. Jede Haltung lehrt Ihren Hund Muskel- und Körperkontrolle sowie bewussten Körpereinsatz, was ihm helfen kann, weniger impulsiv zu werden. Hunde sind oft fast vollständig von Impulsen gesteuert. Viele der Probleme, die wir mit Hunden im Alltag haben, gründen in mangelnder Impulskontrolle. Aber wir verbessern auch Gesundheit und Beweglichkeit, wenn wir einen Hund lehren, wie er seinen Körper benutzen kann.

Natürlich beeinflussen die unterschiedlichen Haltungen auch die biochemischen Vorgänge im Körper und damit den Gefühlszustand des Hundes. Um die Erregung beim Üben der Haltungen zu kontrollieren, arbeiten wir sie in einer Reihenfolge durch, die Energie erst langsam auf- und dann wieder abbaut. Was auch die natürliche Fähigkeit des Hundes zum Deeskalieren verbessern sollte, wenn er gestresst, frustriert, fixiert oder aufgeregt wird.

Wenn Sie mehrere Hunde haben, können Sie Haltungen gemeinsam üben. Das kann den Hunden helfen, sich auch bei Ablenkung zu konzentrieren.

Außerdem beruhen viele Haltungen auf natürlicher hundlicher Körpersprache, insbesondere auf Haltungen, die benutzt werden, um den Wunsch zur Deeskalation und Konfliktvermeidung auszudrücken. Warum das gut so wirkt, lässt sich am besten mit der Lächel-Therapie beim Menschen vergleichen. Indem wir Haltungen üben, die zu wünschenswerten Folgen führen, helfen wir dem Hund, diese Haltungen zu lernen und auszuführen, was wiederum die Häufigkeit steigert, mit der er diese in sein natürliches Verhalten einbaut. Das ist ganz ähnlich wie die Lächel-Therapie, die Menschen im Alltag glücklicher werden lässt.

AKTIONEN

Im Dogyoga gibt es 15 Aktionen. Der Unterschied zu den Haltungen ist, dass sie nicht gehalten werden, sondern auf sehr langsamen, bedachten Bewegungen beruhen. Sie ahmen Handlungen nach, mit denen Hunde in sozialen Situationen verhandeln, beschwichtigen und kommunizieren.

Sie werden unter Signal gestellt, um die Häufigkeit ihres natürlichen Auftretens zu erhöhen und helfen dem Hund, sich selbst zu beruhigen, die Flexibilität, die Muskelkontrolle und das Körperbewusstsein zu verbessern.

AUSDRÜCKE

Die 10 Ausdrücke werden auf eine Art und Weise gelehrt, die etwas komplexer ist als bei den Haltungen und Aktionen. Das liegt einfach daran, dass Hunde sich natürlicher ausdrücken und es viel schwieriger ist, bewusste Kontrolle über diese Bewegungen zu gewinnen. Meiner Erfahrung nach sind sich Hunde weniger bewusst darüber, wie sie ihre Kopf- und Gesichtsmuskeln einsetzen können. Deshalb nutzen wir zum Trainieren von Ausdrücken die Methode des Einfangens und des Lockens aus dem Kontext heraus, indem wir z.B. die Umgebung so verändern, dass das natürliche Auftreten des Ausdrucks wahrscheinlicher wird. Sie kommen im Training von Dogyoga als letztes an die Reihe, weil sie am kompliziertesten zu lehren sind. Vorher benötigen wir ein gutes Verständnis, Achtsamkeit und Bindung, aufgebaut durch das Training der Haltungen und Aktionen.

Wenn Sie Aktionen wie das Schütteln unter Signal stellen, werden Sie selbst auch achtsamer gegenüber dem, was Ihr Hund zu sagen hat.

Fragen Sie sich vor jeder Sitzung:

- Bin ich emotional offen und klar?
- Bin ich fokussiert und ist mir klar, was ich trainieren werde?
- Habe ich die Übung zwei Mal durchgelesen?
- Fühle ich mich körperlich fit, bin ich mit dem Clicker schnell und geschickt?
- Habe ich einen Ball geworfen und das erste, zweite und dritte Auftitschen genau geclickt?

Alles mit Ja beantwortet?

- Ist mein Raum bereit?
- Ist mein Raum frisch saubergemacht?
- Ist er für meinen Hund bequem?
- Ist klares Wasser für meinen Hund und mich da?

Alles mit Ja beantwortet?

Ausdrücke sollten bis zuletzt aufgehoben werden, wenn Sie selbst im Lesen Ihres Hundes und im Umgang mit dem Clicker schon sehr geschickt geworden sind.

- Habe ich genug Leckerchen?
- Habe ich die Leckerchen für meine Übung abgezählt?
- Sind die anderen Leckerchen sicher versteckt, sodass sie nicht ablenken?
- Liegt der Clicker angenehm in meiner Hand?

Alles mit Ja beantwortet?

- War ich vorher mit meinem Hund fünf Minuten draußen?
- Hatte er Gelegenheit, sich zu lösen?
- Habe ich ihm Wasser angeboten?
- Macht er einen ruhigen Eindruck?
- Macht er einen klaren Eindruck?
- Macht er einen glücklichen Eindruck?
- Habe ich ihm Halsband und alles andere ausgezogen?

Alles mit Ja beantwortet?

- Geben Sie Ihrem Hund jetzt ein Gratis-Leckerchen.
- Und nun öffnen Sie die Tür, damit er jederzeit weggehen kann ...

Jetzt sind Sie bereit, das heutige Training zu beginnen!

LEKTION 1 KATEGORIE „SITZ"

LEKTION 1.1 SITZ ("SITZ")

Das Sitzen ist für die meisten, aber nicht alle Hunde eine natürliche Haltung. Viele Windhunde setzen sich eher ungern. Bei solchen Rassen sollte die gesamte Sitz-Sequenz ausgelassen werden. Beim Dogyoga geht es um eine entspannte, positive Art der Kontrolle, nicht darum, Hunde in Haltungen zu zwingen, die ihnen unangenehm sind. Dogyoga ist in jeglicher Hinsicht gewaltfrei. Um zu verstehen und akzeptieren, was Gewalt für Ihren Hund bedeutet, müssen Sie anerkennen, wer Ihr Hund ist, wo seine Grenzen sind, welche Dinge er schwierig findet und was ihm leichtfällt.

Idealerweise hat das Sitz, das wir sehen möchten, einen symmetrischen Oberkörper und einen entspannten Unterkörper. Manche Hunde und solche mit schwachen Hüftgelenken setzen sich gerne zu einer Seite. Das ist für die Sitzhaltung im Dogyoga absolut in Ordnung. Wir streben nicht nach einem Standard-Unterordnungs-Sitz, sondern die Betonung sollte auf dem Halten einer entspannten Stimmung mit ruhigem Fokus und weichem Blick liegen. Das Sitz ist die Grundlage für den Rest dieser Sequenz. Sie können es nicht übereilen. Wenn Sie einen Hund deeskalieren und zur Ruhe bringen möchten, ist es nicht ungewöhnlich, etwa eine Woche mit dem Üben langen, entspannten Sitzens zu verbringen. Der Hund sollte das Sitz mögen und es lohnenswert finden, was bedeutet, dass wir es lohnenswert machen müssen.

Sie brauchen:

- Clicker
- 35 Leckerchen
- Yogaraum
- Schüssel mit Leckerchen (nicht aktive) und leere zweite Schüssel zum Hineinzählen der Leckerchen für jeden Schritt (aktiv)

Wir werden das Sitz locken anstatt es frei zu formen. Das Kommando ist einfach, fundamental und auf diese Art leichter zu trainieren.

Das Sitz.

1. Zählen Sie zehn Leckerchen in Ihre aktive Schüssel.
2. Nehmen Sie ein Leckerchen in die eine Hand und den Clicker in die andere.
3. Lassen Sie den Hund am Leckerchen in der Hand riechen: Hmmm, lecker!
4. Halten Sie es knapp über seinen Kopf, sodass er sich nach oben streckt und das Hinterteil senkt, um daran zu kommen.
5. Clicken Sie, sobald sein Hinterteil den Boden berührt.
6. Werfen Sie das Leckerchen auf den Boden, sodass er aufstehen muss, um es sich zu holen. Falls Ihr Hund sich nicht ganz, sondern nur fast hinsetzt, können Sie dieses Verhalten trotzdem ein paar Mal clicken, bevor Sie das vollständige Sitz abwarten und clicken. So machen Sie ihm deutlich, was Sie wollen.
7. Wiederholen Sie das, bis Sie Ihre zehn Leckerchen aufgebraucht haben.
8. Zählen Sie 15 Leckerchen in Ihre aktive Schüssel.
9. Warten Sie und halten Sie das Leckerchen in der geschlossenen, nach vorn vor Ihren Körper ausgestreckten Faust.
10. Haben Sie Geduld und atmen Sie langsam.
11. Sobald das Hinterteil Ihres Hundes den Boden berührt, clicken Sie und werfen Sie das Leckerchen etwas vor ihn, sodass er aufstehen muss, um es sich zu holen.
12. Wiederholen Sie das 15 Mal.
13. Machen Sie eine Pause, lassen Sie Ihren Hund sich strecken und lösen.
14. Gehen Sie zurück in den Yogaraum und bereiten die restlichen Leckerchen vor. Nehmen Sie eins in die Hand.
15. Sagen Sie zuerst „Sitz" und halten Sie dann die Faust vor Ihren Körper.
16. Warten Sie, bis das Hinterteil Ihres Hundes den Boden berührt.
17. Clicken und belohnen Sie.
18. Wiederholen Sie das, bis die restlichen zehn Leckerchen aufgebraucht sind.

Beenden Sie die Sitzung und belohnen Sie Ihren Hund mit einem Apportierspiel oder Kuscheln.

LEKTION 1.2

In dieser Sitzung wiederholen Sie das Sitz und arbeiten an der Dauer.

Sie brauchen:
- Clicker
- 30 Leckerchen
- Eine aktive und eine passive Schüssel
- Yogaraum

1. Zählen Sie zehn Leckerchen ab.
2. Fragen Sie „Sitz" ab.
3. Halten Sie diesmal den Click zurück, wenn das Hinterteil auf den Boden kommt, treten Sie einen Schritt vom Hund zurück und dann wieder auf ihn zu.
4. Füttern Sie ihn direkt ins Maul, ohne clicken.
5. Clicken Sie und werfen Sie ein Leckerchen auf den Boden.
6. Wiederholen Sie das, aber gehen Sie diesmal zwei Schritte zurück, dann drei, dann vier, dann fünf.
7. Clicken Sie und werfen Sie das letzte Leckerchen auf den Boden. Sagen Sie „OK", um Ihren Hund freizugeben.
8. Zählen Sie zehn weitere Leckerchen ab.
9. Verlangen Sie „Sitz" und halten den Click zurück, wenn das Hinterteil den Boden berührt.
10. Gehen Sie mehrere Schritte weit weg und drehen sich vom Hund weg.
11. Kommen Sie zurück und füttern ihn direkt ins Maul – Ihr Hund lernt, dass Bleiben sich lohnt.
12. Wiederholen Sie das, gehen Sie im ganzen Raum herum und belohnen Ihren Hund sporadisch mit Futter, bis nur noch ein Leckerchen in der aktiven Schüssel ist.

13. Sagen Sie „OK“, clicken Sie und werfen Sie das Leckerchen auf den Boden, um Ihren Hund freizugeben.
14. Machen Sie eine Pause.
15. Zählen Sie die restlichen zehn Leckerchen ab.
16. Verlangen Sie „Sitz“.
17. Gehen Sie aus dem Raum heraus, kommen Sie zurück und belohnen Ihren Hund.
18. Wiederholen Sie das, bis nur noch ein Leckerchen übrig ist. Sagen Sie „OK“, clicken Sie und werfen das Leckerchen auf den Boden, um Ihren Hund freizugeben.

Sitz und Bleib.

Bauen Sie dies auf, bis Sie mehrmals um Ihren Hund herumgehen können. Belohnen Sie ihn dabei hin und wieder. Sobald er das Sitz halten kann, während Sie im Raum herumgehen, können Sie zur nächsten Lektion „Halsdehnung links“ übergehen. Wir möchten, dass der Hund Spaß am Training hat – belohnen Sie deshalb oft. Es lohnt sich, ihn für das Halten der Position zu füttern.

Das Freigabezeichen ist der Clicker und das Wort „OK“. Sagen Sie also das Hörzeichen „OK“, clicken Sie, um Ihren Hund aus dem Sitz freizugeben und werfen Sie ein Leckerchen auf den Boden, damit er aufsteht.

Wenn Ihr Hund vorzeitig aus dem Sitz aufsteht, locken Sie ihn einfach wieder in Position an der gleichen Stelle wie zuvor, verlangen Sie „Sitz“ und versuchen es noch einmal. Diesmal gehen Sie weniger Schritte weit von ihm weg, belohnen ihn schneller oder steigern die Dauer langsamer.

HALSDEHNUNGEN UND KOPFDREHUNGEN

In der hündischen Körpersprache gilt Wegschauen (Kopfdrehung zur Seite) als Beschwichtigungssignal. Wenn diese mit glücklichen, sanften Augen einhergeht, die in die gleiche Richtung schauen wie die Nase zeigt, sagt dieses Signal anderen, dass sie näher in den Raum dieses Hundes eintreten können. Ist das Wegschauen mit das Weiße zeigenden Augen und einer gespannten Körpersprache kombiniert, sagt es, dass der Hund gestresst ist und einen Konflikt vermeiden möchte. In beiden Kontexten „verhandelt“ der Hund um seinen persönlichen Raum, vermeidet Konflikte und teilt mit, dass er keine Bedrohung darstellt.

Ein gutes Beispiel ist ein Hund, der vor anderen Hunden Angst hat. Beim Anblick eines anderen Hundes dreht er vielleicht den Kopf weg. Wenn der andere Hund dies beim Näherkommen sieht, meiden die beiden Hunde sich vermutlich gegenseitig und gehen in einem Bogen umeinander herum, anstatt sich zu treffen. Sie sind sich darin einig, dass sie beide eher beschwichtigen anstatt einen Konflikt eingehen möchten.

Auch das Senken des Kopfes, wie zum Schnüffeln, wird in vielen sozialen Situationen eingesetzt. Ein passives Schnüffeln kann zum Raummanagement gegenüber einem anderen Hund eingesetzt werden oder einfach als Übersprungsverhalten, wenn ein Hund sich zur Stress- und Konfliktvermeidung praktisch unsichtbar zu machen versucht. Echtes Schnüffeln ist ein Zeichen für einen entspannten, glücklichen und beschäftigten Hund.

Jeder, der aktiv einen Hundesport wie Agility oder Fyball betreibt, wird bestätigen, dass Dehnungen sehr wichtig sind. Die konventionelle Methode, um einen Hund zur Dehnung veranlassen, ist das „Folge dem Leckerchen-Prinzip". Die Hunde werden zwischen den Beinen des Besitzers gehalten und mit einem Leckerchen zum Schauen nach rechts und links gelockt. Dies hilft aber nicht, die Muskeln ganz zu dehnen und oft verhindert die zu starke Fixierung auf das Futter eine richtige Dehnung. Auch Überdehnungen sind möglich, wenn futtergierige Hunde an das Leckerchen kommen möchten.

Im Dogyoga lehren wir Halsdehnungen auf Signal. Dies fördert eine Stärkung der tiefen Muskulatur, Flexibilität, Körperkontrolle und Körperbewusstsein.

Jedes Verhalten, das im Training verstärkt wird, wird auch im natürlichen Verhalten öfter gezeigt. Wenn wir passive Signale wie das Wegschauen oder Ähnliches verstärken, erhöhen wir die Wahrscheinlichkeit dafür, dass unsere Hunde in Zukunft eher passive Beschwichtigung als Konflikte praktizieren

LEKTION 1.3 HALSDEHNUNG LINKS IM SITZEN ("STRECK LINKS")

Sie brauchen:
- Clicker
- 35 Leckerchen
- Yogaraum
- Behälter mit Leckerchen, Ihre aktive und eine leere Schüssel

1. Zählen Sie 20 Leckerchen in die aktive Schüssel und nehmen Sie eins davon in die Hand.
2. Fragen Sie „Sitz" ab.

Jack fühlt sich in Gegenwart von Bubbles unwohl und teilt dies durch Wegschauen mit.

3. Warten Sie auf einen Blick oder eine leichte seitliche Bewegung nach links (haben Sie Geduld).
4. Clicken Sie schon die leichteste Ohren- oder Augenbewegung nach links.
5. Bauen Sie dies weiter auf, indem Sie Wiederholungen dieses Verhaltens clicken und beginnen Sie dann, Ihre Kriterien zu verändern, sodass nur noch die deutlichsten Blicke nach links geclickt und belohnt werden. Das erste, was Sie anclicken, könnte also zum Beispiel ein Zucken des linken Ohrs sein, aber am Ende der Sitzung ignorieren Sie das Ohrenzucken und clicken nur noch für eine richtige Kopfdrehung.
6. Sobald Sie fünf verlässliche Kopfdrehungen nach links haben, machen Sie Pause.

Befolgen Sie die übliche Pausenroutine. Dies hier ist intensives Lernen und es soll weiterhin Spaß machen, erliegen Sie also nicht der Versuchung, die Pause auszulassen. Dogyoga geht andere Wege als das konventionelle Training. Selbst wenn Ihr Hund weiter nach den Leckerchen giert, wird er besser lernen, wenn Sie ihm die Gelegenheit zum Schnappen von etwas frischer Luft und zum Wassertrinken geben. Denken Sie daran, dass beim Lernen die Reise wichtiger ist als das Ziel. Konzentrieren Sie sich nicht so sehr auf die perfekte Endausführung, sondern bleiben Sie im Hier und Jetzt und betrachten Sie das Training als ein Spiel.

7. Zählen Sie zehn weitere Leckerchen in die aktive Schüssel und nehmen Sie eins davon in die Hand. Jetzt beginnen wir mit dem Feintuning.
8. Clicken Sie nur die längsten Kopfdrehungen. Wir versuchen, dies mit Zeit und Übung zu langen Blicken auszubauen. Legen Sie es also jedes Mal, wenn Sie dies üben, auf eine lange Halsdehnung an. Der Kopf sollte dabei nach oben, nicht nach unten zeigen – clicken Sie also keine Blicke nach unten.
9. Jetzt ist es Zeit, der Haltung einen Namen zu geben. Beginnen Sie nach drei guten Wiederholungen „Streck links" zu sagen. Ich begleite dies meist mit einer leichten Kopfdrehung meinerseits nach rechts (vom Hund aus gesehen nach links).
10. Benutzen Sie jetzt die fünf übrigen Leckerchen. Die fünf letzten Clicks werden die Dauer aufzubauen beginnen. Halten Sie den Click zurück, wenn Ihr Hund zuerst zurückschaut. Manchmal führt das dazu, dass er die Haltung zwei Mal hintereinander zeigt. Clicken Sie in diesem Fall die zweite Kopfdrehung am Punkt des längsten Haltens und versuchen Sie, die längstmögliche Dauer einzufangen, ohne eine Wiederholung der Haltung zu bekommen.
11. Versuchen Sie, dass Ihr Hund das Strecken nach links hinten bei jedem „Streck links" länger hält, bis er auf den Click zur Freigabe wartet.

Halsdehnung nach links.

12. Machen Sie das nur fünf Leckerchen lang, weil es etwas langweilig ist und viel Konzentration verlangt!

Ende der Übung – gehen Sie mit Ihrem Hund spielen!

LEKTION 1.4 HALSDEHNUNG RECHTS IM SITZEN ("STRECK RECHTS")

Sie brauchen:

- Clicker
- 70 Leckerchen
- Yogaraum
- Schüssel mit Leckerchen und eine leere Schüssel

1. Zählen Sie 20 Leckerchen in die aktive Schüssel ab und nehmen Sie eins davon in die Hand.
2. Verlangen Sie „Sitz".

Halsdehnung nach rechts.

3. Warten Sie auf einen Blick oder eine Kopfbewegung nach rechts – er wird es zuerst nach links versuchen, wie er es beim letzten Mal gelernt hat. Warten Sie einfach. Sie haben das Kommando „Streck links" nicht gegeben, also müssen Sie dieses Verhalten auch nicht belohnen. Lassen Sie sich nicht dazu hinreißen, egal wie toll die Dehnung auch ist – das wäre nur verwirrend für Ihren Hund!
4. Clicken Sie schon die kleinste Ohrbewegung nach rechts.
5. Bauen Sie das durch Anclicken von Wiederholungen weiter auf und beginnen dann, Ihre Kriterien zu verändern, sodass nur noch die deutlichsten Blicke nach rechts geclickt und belohnt werden.
6. Machen Sie nach fünf guten Drehungen nach rechts Pause.

Befolgen Sie die übliche Pausenroutine und nehmen auch sich selbst ein Glas Wasser. Der Grund, warum frische Luft und Wasser für Sie und Ihren Hund im Training wichtig sind, ist, dass Ihr Gehirn wieder mit Sauerstoff verjüngt wird. Sauerstoffzufuhr zum Gehirn ist positiv und vermittelt das Gefühl geistigen Freiraums, was für das Lernen unerlässlich ist.

7. Zählen Sie zehn weitere Leckerchen in die zweite Schüssel und nehmen Sie eins in die Hand.
8. Clicken Sie jetzt nur noch die längsten Kopfdrehungen rechts. Wir versuchen, dies mit Zeit und Übung zu langen Blicken auszubauen. Legen Sie es also jedes Mal auf eine lange Halsdehnung an. Der Kopf sollte dabei nach oben, nicht nach unten zeigen – clicken Sie also keine Blicke nach unten.

9. Geben Sie der Haltung einen Namen. Sagen Sie nach drei guten Wiederholungen „Streck rechts". Ich begleite dies mit einer leichten Kopfdrehung meinerseits

nach links (vom Hund aus gesehen nach rechts).

10. Zählen Sie fünf weitere Leckerchen in die zweite Schüssel und nehmen Sie eins in die Hand.
11. Die fünf letzten Clicks werden wie in der letzten Sitzung die Dauer aufzubauen beginnen. Halten Sie also den Click zurück, wenn der Hund nach rechts hinten schaut.
12. Versuchen Sie, dass Ihr Hund die Halsdehnung nach rechts mit jedem Mal länger hält, bis er auf den Click als Freigabesignal wartet.
13. Machen Sie dies nur fünf Leckerchen lang.

Machen Sie eine Pause. Wenn Sie und Ihr Hund danach immer noch Spaß an der Übung haben, machen Sie ruhig noch ein bisschen weiter!

1. Zählen Sie zehn Leckerchen in die zweite Schüssel, nehmen Sie eins in die Hand.
2. Verlangen Sie „Sitz".
3. Verlangen Sie „Streck links".
4. Bauen Sie Dauer und Stärke der Linksdehnung aus.
5. Zählen Sie zehn weitere Leckerchen ab.
6. Wiederholen Sie die obigen Schritte, aber diesmal mit Dehnungen nach rechts.
7. Zählen Sie zehn weitere Leckerchen ab.
8. Verlangen Sie „Sitz".
9. Verlangen Sie ein klares „Streck links".
10. Clicken und belohnen Sie.
11. Geben Sie ihm ein zweites Leckerchen.
12. Verlangen Sie jetzt „Streck rechts".
13. Wiederholen Sie, clicken und belohnen Sie und wechseln die Haltungen miteinander ab. Versuchen Sie, auch ein paar doppelte Streckungen nach jeweils links und rechts hintereinander zu bekommen, um zu überprüfen, dass Sie beide das Gleiche meinen.

Das war eine Mammutsitzung – danach ist jedenfalls viel Lob und Spaß für Ihren Hund fällig!

PFOTE HEBEN

Das natürliche Anheben der Pfote wird von unterschiedlichen Hunden unterschiedlich genutzt, dient aber in der Regel dazu, auf eine Beute oder einen möglichen Feind hinzuweisen. Es bedeutet, dass der Hund seine Aufmerksamkeit auf etwas richtet. Es wird im Stand gezeigt und kann sehr subtil sein. Pfote heben im Dogyoga ist etwas anderes. Hier handelt es sich vielmehr um Dehnungen, die dazu dienen sollen, die Muskeln sowohl der oberen als auch der unteren Gliedmaße zu dehnen. Anfangs belohnen wir jedes Pfotenheben auf Signal, aber mit der Zeit suchen wir auch hier nach höheren, längeren und langsameren Dehnungen, die Körperbewusstsein und -kontrolle fördern.

Ella hebt die Pfote zu dem fremden Hund, den sie interessant findet.

LEKTION 1.5 PFOTE HEBEN RECHTS IM SITZEN („RECHTS VORN")

Sie brauchen:
- Clicker
- 30 Leckerchen
- Yogaraum
- Eine aktive und eine inaktive Schüssel

Wir können dieses Verhalten formen oder locken. Formen ist prima bei zappeligen Hunden und meine bevorzugte Methode. Es ist aber vom Lernen des Hundes her manchmal schwieriger zu verstehen und unklarer. Wenn Ihr Hund von Natur aus ein wenig langsamer ist und einfach nur ruhig sitzt, ohne seine Pfote zu heben, wird es mit Locken viel leichter gehen.
Probieren Sie aus, welcher Weg Ihrem Hund besser liegt. Wenn Sie keine Pfotenaktion bekommen, versuchen Sie es mit der anderen Methode. Locken mit einem Leckerchen in der Faust ist gut geeignet bei neugierigen, selbstbewussten, drängeligen Hunden, während das Formen des Pfotenhebens bei schüchternen und ängstlicheren Hunden besser ist.

Pfotenheben formen

1. Zählen Sie zehn Leckerchen in die aktive Schüssel und nehmen Sie eins in die Hand.
2. Warten Sie auf die Andeutung einer Bewegung der rechten Vorderpfote. Das kann schon ein einfaches Zurechtrücken in eine andere Position sein.
3. Clicken und belohnen Sie.
4. Wiederholen Sie das zehn Mal.
5. Zählen Sie zehn weitere Leckerchen in Ihre aktive Schüssel und nehmen Sie eins in die Hand.
6. Clicken und belohnen Sie, wenn die Pfote vom Boden abhebt und bauen Sie das zu einer größtmöglichen Streckung aus.
7. Manche Hunde heben gleichzeitig auch die andere Pfote, um noch besser strecken und balancieren zu können. Es liegt an Ihnen, ob Sie dies herausformen oder nicht. Wenn ja, clicken Sie nur dann, wenn eine Pfote voll gestreckt und die andere auf dem Boden ist. Clicken Sie nicht, wenn die linke Pfote den Boden verlässt. Alternativ lassen Sie den Hund sich ganz strecken und clicken Sie, solange die rechte Pfote führt. Beides sind gute Versionen der Haltung für Basis-Dogyoga.
8. Machen Sie eine Pause nach den üblichen Pausenregeln.
9. Benutzen Sie jetzt die restlichen zehn Leckerchen aus Ihrer Schüssel.
10. Bauen Sie die Streckung des Beins weiter aus und geben Sie der Übung ein Hörzeichen.
11. Sagen Sie „vorn rechts" und clicken und belohnen dann die besten Streckungen.

Ein anderer Weg, um an die Pfote zu kommen

1. Zählen Sie zehn Leckerchen in die aktive Schüssel und nehmen Sie eins in jede Hand.
2. Schließen Sie eine Hand zur Faust und halten Sie diese Ihrem Hund in Richtung Pfote entgegen.
3. Clicken Sie jedes Mal, wenn er „pfötelt", um an das Leckerchen zu kommen. Dann clicken und belohnen Sie aus der anderen Hand.
4. Wiederholen Sie das.
5. Zählen Sie zehn weitere Leckerchen ab und halten Sie dem Hund wieder Ihre Faust hin, aber diesmal so hoch, dass er kaum darankommt.
6. Clicken und belohnen Sie jedes Mal, wenn der Hund Ihre Faust zu bepföteln versucht.
7. Halten Sie Ihre Faust höher, bis er die Pfote in die Luft hebt.
8. Machen Sie eine Pause.
9. Benutzen Sie die nun die restlichen zehn Leckerchen aus der zweiten Schüssel.

10. Bauen Sie die Streckung des Beins aus und fügen Sie ein Hörzeichen hinzu.
11. Sagen Sie „vorn rechts" und clicken und belohnen dann die besten Streckungen.

Bedenken Sie Ihren Hund mit reichlich Knuddeln und einem ausgelassenen Spiel zur Entspannung nach so viel Konzentration!

LEKTION 1.6 PFOTE HEBEN LINKS IM SITZEN („LINKS VORN")

Wie zuvor, nur mit der linken Pfote.

Wenn Sie und Ihr Hund nach der Pause glücklich, zufrieden und bereit zum Weitermachen sind, dann üben Sie Folgendes:

Zählen Sie 30 Leckerchen ab – 20 in die aktive und zehn in die inaktive Schüssel.

1. Nehmen Sie ein Leckerchen in die eine und den Clicker in die andere Hand.
2. Fragen Sie „links vorn" ab.
3. Halten Sie den Click zurück, um zu sehen,

Pfote links vorn.

ob Sie den Hund dazu bringen, die Pfote immer länger hochzuhalten.
4. Clicken und belohnen Sie.
5. Wiederholen Sie das zehn Mal.
6. Legen Sie zehn weitere Leckerchen in die aktive Schüssel und nehmen eins in die Hand.
7. Fragen Sie „vorn rechts" ab. Halten Sie den Click zurück, um zu sehen, ob Sie den Hund dazu bringen, die Pfote immer länger hochzuhalten.
8. Clicken und belohnen Sie.
9. Wiederholen Sie das zehn Mal.
10. Legen Sie die restlichen Leckerchen in die aktive Schüssel und nehmen eins in die Hand.
11. Fragen Sie „vorn rechts" ab.
12. Clicken und belohnen Sie.
13. Warten Sie ein paar Sekunden.
14. Fragen Sie „vorn links" ab.
15. Clicken und belohnen Sie.
16. Wiederholen Sie Schritt 10-14, bis alle Leckerchen aufgebraucht sind.

Dann starten Sie ein gutes altmodisches Knuddel-Kabbel-Spiel mit Ihrem Hund!!

LEKTION 1.7 BEIDE PFOTEN HEBEN IM SITZEN ("MÄNNCHEN")

Wie so oft werden Sie auch beim „Männchen" verschiedene Trainingswege finden. In unserem Kontext geht es um Balance und Dauer. Zu Beginn mit einem Stuhl oder Stab als Hilfe zu arbeiten geht deshalb an der Sache vorbei und fördert weder Körperkontrolle noch Körperbewusstsein - arbeiten Sie also mit der Technik des Formens. Da Sie in den letzten Lektionen Pfote rechts und links geübt haben, wird Ihr Hund jetzt vielleicht ebenfalls das Pfotegeben versuchen, was uns helfen wird. Also los!

Sie brauchen:
- Clicker
- 40 Leckerchen
- Yogaraum
- Eine aktive und eine passive Schüssel

1. Legen Sie zehn Leckerchen in die aktive Schüssel und nehmen Sie eins in die Hand.
2. Clicken und belohnen Sie zu Anfang einfach Pfotenheben.
3. Versuchen Sie das dahin aufzubauen, nur noch zu clicken, wenn beide Pfoten in der Luft sind. Das geht zum Beispiel, indem Sie den Click zurückhalten, wenn eine Pfote angehoben ist. Ihr Hund bietet nun vermutlich die andere Pfote an. Wenn Sie nur noch clicken, nachdem erst die linke und dann die rechte gehoben wurde oder umgekehrt, wird er beide Pfoten zu heben beginnen.
4. Zählen Sie zehn weitere Leckerchen in die aktive Schüssel.
5. Jetzt clicken und belohnen Sie, wenn beide Pfoten gleichzeitig vom Boden weg sind.
6. Zählen Sie zehn Leckerchen in die aktive Schüssel und nehmen Sie eins davon in die Hand.
7. Sagen Sie „Männchen".
8. Warten Sie, bis beide Pfoten vom Boden abheben.
9. Clicken und belohnen Sie.
10. Wiederholen Sie.
11. Machen Sie eine Pause.
12. Verbrauchen Sie die restlichen zehn Leckerchen.
13. Fragen Sie „Männchen" ab.
14. Beginnen Sie Ihre Kriterien zu verändern, indem Sie die Höhe des Pfotenhebens betonen und dann den Click zurückhalten, um mehr Dauer zu erreichen.

Hurra! Sie haben Ihre erste Übungskategorie absolviert! Veranstalten Sie für Ihren Hund eine Spontanparty aus Leckerchen, Lob und Spiel und geben ihm morgen einen Tag frei!

WIEDERHOLUNGSÜBUNGEN

Sie haben jetzt die erste Kategorie trainiert – bevor Sie die zweite in Angriff nehmen, sollten Sie üben. Das Üben von Verhalten sollte auf zwei Arten geschehen und die Wiederholungssitzungen sollten folgendermaßen ablaufen:

- Sie sollten getrennt vom Training neuer Dinge stattfinden, können allerdings (mit Pause dazwischen) auch unmittelbar davor oder danach durchgeführt werden.
- Sie sollten nach untenstehendem Schema durchgeführt werden. Keine Haltung sollte mehr als zehn Mal wiederholt werden, sofern Sie Ihre Kriterien nicht ändern und nichts weiter aufbauen. Zehn Mal hintereinander das Gleiche abzufragen ist langweilig und demotivierend.
- Sie können jede schon trainierte Haltung zur Wiederholung auswählen und auch die gleiche Haltung zwei oder drei Tage lang hintereinander wiederholen. Falls Ihr Hund mit einer speziellen Haltung Schwierigkeiten hat, kann es helfen, denn anfänglichen Lernprozess mit dieser Haltung zu wiederholen.

1. Suchen Sie sich eine der Haltungen aus.
2. Nehmen Sie 15 Leckerchen und üben Sie die gewählte Haltung mit Fokus auf Dauer und Geschwindigkeit. Beim Heben der rechten und linken Pfote oder dem Männchen möchten wir zum Beispiel, dass der Hund langsam die Pfote hebt. Lassen Sie den Hund die Haltung fünf Mal wiederholen und beobachten Sie sein natürliches Tempo.
3. Wiederholen Sie die Haltung, aber clicken und belohnen Sie nur noch die langsamsten Hebungen.
4. Nehmen Sie nun 15 weitere Leckerchen und wiederholen Sie Obiges, aber diesmal mit dem Fokus auf Dauer. Lassen Sie den Hund die gewählte Übung fünf Mal wiederholen und clicken und belohnen Sie jedes Mal. Schauen Sie, wie lange er die Position halten kann.
5. Jetzt halten Sie den Click zurück und belohnen längres Halten. Je länger er halten kann, desto besser!

Mit anderen Übungen verfahren Sie genauso.

Wiederholungssitzungen geben Ihnen die Chance zur Feinabstimmung.

ÜBUNGEN MITEINANDER VERKETTEN

Verketten ist der Prozess des Zusammenfügens verschiedener Verhalten zu einer für den Hund vorhersehbaren Abfolge. Das macht es einfacher und noch entspannter, die Einzelteile zu üben und stärkt damit Ruhe und Kontrolle. Denken Sie an die Glieder einer Kette ...

Letzten Endes möchten wir, dass eine Sequenz eine flüssige Abfolge von Verhalten ist, ähnlich wie beim Dressurreiten oder Tai-Chi für Menschen. Ihr Hund wird auf Ihre Körpersignale hin von einer Bewegung in die andere fließen. An diesem Punkt wird die Verbindung zwischen Hund und Mensch zu einem Hauptmerkmal im Dogyoga.

Sie brauchen:
- Clicker
- 20 Leckerchen
- Yogaraum
- Eine Schüssel mit Leckerchen und eine leere aktive Schüssel.

Für den Anfang werden wir nur das Sitz und die Halsdehnung miteinander verketten.

Also ...
1. Fragen Sie „Sitz" ab.
2. Warten Sie fünf Sekunden.
3. Fragen Sie „Streck rechts" ab.
4. Clicken Sie und werfen ein Leckerchen auf den Boden, um Ihren Hund aus der Position freizugeben.
5. Wiederholen Sie das zehn Mal.
6. Fragen Sie jetzt „Sitz" nur mit Handzeichen ab. Drehen Sie Ihren Kopf als Signal leicht nach links und warten Sie.
7. In dem Moment, in dem Ihr Hund den Hals nach rechts streckt, clicken Sie und werfen ein Leckerchen auf den Boden.
8. Wiederholen Sie das zehn Mal.

In Ihrer zweiten Verkettungs-Sitzung wiederholen Sie Obiges, fügen aber noch die dritte Haltung aus der Kategorie hinzu.

Der Klarheit halber beginnen wir damit, die Worte und Signale für alle Haltungen zu benutzen. Wir tun dies, um das Einfügen neuer Haltungen in eine verkettete Sequenz es für den Hund klar und einfach zu machen.

1. Fragen Sie „Sitz" ab.
2. Warten Sie fünf Sekunden.
3. Fragen Sie „Streck rechts" ab.
4. Warten Sie fünf Sekunden.
5. Fragen Sie „Streck links" ab.
6. Clicken Sie und werfen Sie ein Leckerchen auf den Boden, um den Hund aus der Haltung freizugeben.
7. Wiederholen Sie das zehn Mal.
8. Fragen Sie nun „Sitz" auf Handzeichen ab.
9. Arbeiten Sie mit Ihrer leichten Kopfdrehung nach links (als Signal für „Streck rechts") und warten Sie.
10. Drehen Sie nun Ihren Kopf leicht nach rechts als Signal für „Streck links" und warten Sie.
11. Sobald der Hund den Kopf nach links streckt, clicken Sie und werfen ein Leckerchen auf den Boden.
12. Wiederholen Sie dies zehn Mal, aber beginnen Sie jetzt nach dem „Sitz" zu warten, sodass der Hund von sich aus die Dehnungen anbietet.
13. Sobald er Ihnen im Sitzen eine Halsdehnung erst nach links und dann rechts anbietet, geben Sie der ganzen Sequenz einen Namen, z.B. „Sitzsequenz" . Warten Sie alle drei verketteten Verhalten hintereinander ab und clicken Sie.
14. Wenn Sie die Haltungen aus dieser Kategorie hinzufügen, fragen Sie diese einfach nach „Sitzsequenz" ab und wiederholen Sie das, schleichen Sie erst die Stimm- und dann die Handsignale aus, bis die neue Haltung Teil der Sequenz wird.

In jeder „Verkettungssitzung" fügen wir ein neues Verhalten hinzu, bis wir irgendwann die ganze Reihe auf ein Hörzeichen hin schaffen. Möglicherweise beginnt Ihr Hund, sich bei bestimmten Übungen zu übereilen. Ist das der Fall, führen Sie ein Signal wie z.B. „nächstes" ein, um ihm anzuzeigen, dass es Zeit für einen Wechsel ist. Das fördert Fokus und Kontrolle sowie Verbindung zwischen Trainer und Hund. Für die im Stehen und im Platz ausgeführten Übungen gilt später das Gleiche.

LEKTION 2 KATEGORIE „STEHEN"

Nur selten werden in anderen Formen des Hundetrainings verschiedene Haltungen im Stand geübt, ohne dass sich der Hund dabei bewegt. In Agility und Dogdancing geht es immer um Bewegungen, aber selbst im Obedience sehen wir außer einem geraden Stehen selten stehende Haltungen. Dabei sind sie so wichtig, weil sie in Hund-zu-Hund-Aktionen genau das sind, was am häufigsten eingesetzt wird. Wir werden so gut wie nie sehen, dass ein Hund in natürlicher Umgebung sitzt, um deutliche körpersprachliche Signale auszusenden. Er wird dabei stehen. Wenn man das bedenkt, wird offensichtlich, dass das Training von Selbst- und Muskelkontrolle sowie von Entspannung im Stehen ganz besondere Vorteile hat.

Stehübungen helfen bei der Impulskontrolle, beim Rückruf, Stopp und im Alltag bei allen Kommandos aus dem Bereich „langsamer machen" oder „gib aus". Im Wettkampfsport fördern sie Körperbewusstsein, Körperkontrolle und eine bessere Verbindung.

Die Standsequenz, besonders das „Streck links" und „Streck rechts", Heben der Vorderpfoten, Schnüffeln und Rutenbewegungen, kann bei reaktiven Hunden deutlich helfen. Die Gesten, die unter normalen Umständen zur Spannungsauflösung und passiver Verhandlung benutzt werden, scheinen im natürlichen Verhalten häufiger aufzutreten, wenn sie in den Sitzungen geübt und verstärkt werden.

Außerdem können wir damit gezielt Steh- und Platz-Positionen in Gegenwart potenziell aufregender Dinge üben, solange der Hund sich komplett unterhalb der Reizschwelle befindet. Die angstmachende oder frustrierende Reiz darf dann nur ganz langsam und unter der Reizschwelle bleibend gesteigert werden.

In Teil 3 werden wir noch genauer darauf eingehen, wenn es um den Einsatz von Dogyoga bei Hunden mit problematischem Verhalten geht.

LEKTION 2.1 STEH ("STEH")

Sie brauchen:

- Clicker
- 25 Leckerchen
- Yogaraum
- Eine aktive und eine inaktive Schüssel

1. Zählen Sie zehn Leckerchen in die aktive Schüssel und nehmen Sie eins in die Hand.
2. Lassen Sie Ihren Hund auf Sie zukommen und clicken Sie, sobald er beim Herankommen langsamer wird.
3. Die meisten Hunde setzen sich dann sofort hin, weil sie aus dem Kontext schließen, dass sie nun wie beim letzten Mal im Sitzen arbeiten sollen.
4. Wenn Sie Geduld haben und Ihr Hund eine gute Vorstellungskraft, warten Sie, bis er die ganze Sequenz von Verhalten gezeigt hat, die ihm in der Vergangenheit Lecker-

Die meisten sozialen Interaktionen finden statt, wenn die Hunde stehen oder in Bewegung sind.

chen eingebracht hat. Warten Sie, bis er aufsteht, clicken Sie und werfen Sie ein Leckerchen.

5. Besonders bei Obedience-Hunden habe ich aber auch öfter festgestellt, dass dies ihnen unmöglich ist und sie lieber stundenlang in der Sitzposition bleiben. Falls das so ist, nehmen Sie ein Leckerchen in die Hand und halten es Ihrem Hund unter die Brust, um ihn ins Stehen zu locken. Clicken Sie und werfen Sie das Leckerchen auf den Boden.
6. Wiederholen Sie diese Schritte. Wenn Sie nach einigen Wiederholungen mit der Locktechnik arbeiten möchten, beginnen Sie Ihre Hand vorzustrecken und warten einfach nur auf das Stehen (sie „schleichen" das Locken aus).
7. Machen Sie eine Pause.
8. Zählen Sie zehn weitere Leckerchen ab.
9. Stehen Sie und halten Sie Ihre Hand vor sich, aber diesmal zur Faust geformt.
10. Ihr Hund sollte sitzen.
11. Öffnen Sie die Faust und strecken Sie die Finger waagerecht.
12. Warten Sie auf das Stehen.
13. Clicken Sie und werfen das Leckerchen.
14. Wiederholen Sie das zehn Mal.
15. Machen Sie eine Pause.

16. Wiederholen Sie mit den übrigen Leckerchen Schritt 8 – 13 , sagen aber diesmal „Steh", kurz bevor Sie die Faust öffnen.

Gut gemacht! Wir sind hier in einer neuen Kategorie, da ist alles ein bisschen anders und kniffelig. Knuddeln und kraulen Sie Ihren Hund, spielen Sie mit ihm – genug gearbeitet für heute!

Steh.

LEKTION 2.2

Wiederholen Sie für die nächste Sitzung das Stehen und bauen Sie die Dauer auf.

1. Verlangen Sie „Steh".
2. Halten Sie den Click zurück, wenn er steht, treten einen Schritt von ihm zurück und dann wieder auf ihn zu.
3. Geben Sie ihm ein Leckerchen, clicken aber nicht.
4. Wiederholen Sie das.
5. Wiederholen Sie, gehen aber diesmal zwei Schritte weit zurück, dann drei, dann vier.

Bauen Sie dies weiter auf, bis Sie ganz um Ihren Hund herumgehen können. Belohnen Sie ihn dabei hin und wieder. Sobald er die Position auch halten kann, wenn Sie einmal ganz um den Raum gehen, können Sie mit „Streck links" im Stehen fortfahren.

Das Freigabebezeichen ist der Clicker und das Wort „OK". Sagen Sie also „OK" und clicken Sie, um Ihren Hund aus dem „Steh" freizugeben und werfen Sie dann ein Leckerchen auf den Boden.

Loben Sie Ihren Hund über den grünen Klee und lassen Sie ihn nach draußen, um sich auszutoben!

Steh und Bleib.

LEKTION 2.3 HALSDEHNUNG NACH RECHTS IM STEHEN ("STRECK RECHTS")

Sie brauchen:
- Clicker
- 30 Leckerchen
- Yogaraum
- Eine aktive und eine inaktive Schüssel

1. Zählen Sie zehn Leckerchen ab.
2. Bitten Sie Ihren Hund ins „Steh".
3. Auch hier stellen Sie möglicherweise fest, dass manchen Hunden dies extrem schwerfällt, was daran liegt, dass wir so selten etwas von ihnen in stehender Position verlangen. Wir können helfen, indem wir das Verhalten unter Signal stellen, aber wir müssen dabei Geduld haben. Wenn der Hund „Streck rechts" im Sitzen beherrscht, heißt das noch nicht, dass er es auch im Stehen oder Liegen versteht. Zeigen Sie es ihm mit Geduld.
4. Fragen Sie „Streck rechts" ab und unterstützen das durch Ihre Kopfdrehung. Warten Sie.
5. Clicken und belohnen Sie schon die leiseste Kopfbewegung nach rechts und formen Sie diese weiter, wie Sie es vorher im Sitzen gemacht haben.
6. Wiederholen Sie das zehn Mal.
7. Machen Sie eine Pause (Lösen und Beine strecken für den Hund, ein Glas Wasser, Konzentration und Ruhe für Sie).
8. Gehen Sie in den Yogaraum zurück und zählen Sie zehn weitere Leckerchen ab.
9. Wiederholen Sie Obiges für zehn Clicks und formen Sie das Strecken (d.h. clicken Sie nur die besten Dehnungen). Verändern Sie Ihre Kriterien so, dass Sie nur noch die besten Dehnungen clicken, aber erwarten Sie auch nicht mehr, als Ihr Hund geben kann. Wenn Sie nicht mindestens ein Viertel der Versuche anclicken können, sind Ihre Kriterien zu hoch.
10. Machen Sie eine Pause – diese Sitzung ist ziemlich anstrengend!
11. Zählen Sie nun Ihre zehn letzten Leckerchen ab.
12. Fragen Sie „Streck rechts" im Sitzen ab.
13. Warten Sie, dann clicken und belohnen Sie.
14. Bitten Sie Ihren Hund ins „Steh".
15. Verlangen Sie jetzt „Streck rechts" im Stehen.
16. Zögern Sie einen Moment, clicken und belohnen Sie.

Puh! Das war anstrengend für Sie und Ihren Hund. Alle Anwesenden haben sich Streicheleinheiten verdient. Viel Wasser zum Trinken und ordentliches Herumtoben sind jetzt gefragt, um die Anstrengung abzuschütteln!

Halsdehnung nach rechts im Stehen.

LEKTION 2.4 HALSDEHNUNG NACH LINKS IM STEHEN ("STRECK LINKS")

Sie brauchen:
- Clicker
- 30 Leckerchen
- Yogaraum
- Eine aktive und eine inaktive Leckerchenschüssel

1. Zählen Sie zehn Leckerchen ab und nehmen Sie eins in die Hand.
2. Bitten Sie Ihren Hund ins „Steh".
3. Weil Sie beim letzten Mal „Streck links" geübt haben, probiert Ihr Hund vermutlich dies auch jetzt aus, um zu sehen, ob es ihm wieder ein Leckerchen einbringt. Warten Sie geduldig und verlangen Sie einmal „Streck links"... warten Sie ...
4. Clicken und belohnen Sie jeden Hinweis auf eine Linksbewegung.
5. Wiederholen Sie das, bis Ihre Leckerchen aufgebraucht sind.
6. Machen Sie eine Pause.
7. Zählen Sie zehn weitere Leckerchen ab und nehmen Sie eins in die Hand.
8. Wiederholen Sie Obiges für zehn Clicks und formen Sie das optimale Strecken heraus. Ändern Sie Ihre Kriterien so, dass Sie nur die besten Halsdehnungen clicken und belohnen. Erwarten Sie nicht zu schnell zu viel und achten Sie darauf, oft genug zu clicken!
9. Machen Sie eine weitere Pause, diese Lektion ist schwierig.
10. Zählen Sie die restlichen Leckerchen ab.
11. Verlangen Sie „Streck links" im Stehen.
12. Clicken und belohnen Sie.
13. Verlangen Sie „Streck links" im Sitzen.
14. Clicken und belohnen Sie.
15. Verlangen Sie „Streck rechts" im Sitzen.
16. Clicken und belohnen Sie.
17. Verlangen Sie „Streck rechts" im Stehen.
18. Clicken und belohnen Sie.
19. Wiederholen Sie, was Ihrem Hund schwer fällt und variieren Sie die Reihenfolge, bis keine Leckerchen mehr übrig sind.

Sie schaffen es! Gute Arbeit von Ihnen beiden! Ziehen Sie los und unternehmen etwas gemeinsam, am besten draußen.

Halsdehnung nach links im Stehen.

LEKTION 2.5 HALSDEHNUNG NACH OBEN IM STEHEN („STRECK HOCH")

Sie brauchen:
- Clicker
- 35 Leckerchen
- Yogaraum
- Eine aktive und eine inaktive Leckerchenschüssel

1. Zählen Sie zehn Leckerchen ab und nehmen Sie eins in die Hand.
2. Wir könnten dieses Verhalten zwar formen, aber die Streckung soll hier etwas stärker sein als normal, weil die Muskeln sich dehnen sollen. Locken ist deshalb hier der bessere Weg: Halten Sie zu Beginn ein Leckerchen über den Hundekopf.

Nach oben schauen im Stehen.

3. Clicken Sie die Aufwärtsbewegung des Kopfes.
4. Wiederholen Sie das zehn Leckerchen lang, wobei Sie Ihre Hand immer weniger anheben und immer näher an Ihrem Körper behalten.
5. Zählen Sie zehn weitere Leckerchen ab.
6. Lassen Sie Ihre Hand jetzt weg und warten einfach nur.
7. Clicken und belohnen Sie jede Aufwärtsbewegung – und haben Sie Geduld!
8. Wiederholen Sie das zehn Leckerchen lang und fangen Sie an, nur noch die deutlichsten Bewegungen zu clicken.
9. Machen Sie eine Pause.
10. Zählen Sie 15 weitere Leckerchen ab.
11. Warten Sie auf die Streckung nach oben, clicken und belohnen Sie.
12. Wiederholen Sie und clicken nur noch die besten Streckungen.
13. Jetzt zeigen Sie nach oben und sagen „Streck hoch".
14. Warten Sie.
15. Clicken und belohnen Sie die besten Dehnungen.
16. Wiederholen Sie mit dem Rest der Leckerchen.

Fertig! Freuen Sie sich über Ihren Fortschritt in dieser neuen Form des Konzeptlernens. Gönnen Sie Ihrem Hund ein Spiel im Garten oder ein gründliches Durchkraulen nach all der Arbeit.

LEKTION 2.6 NASE AUF DEN BODEN IM STEHEN („SCHNÜFFELN")

Sie brauchen:
- Clicker
- 55 Leckerchen
- Yogaraum
- Eine passive und eine aktive Schüssel

1. Zählen Sie zehn Leckerchen in die aktive Schüssel und nehmen Sie eins davon in die Hand.
2. Legen Sie ein Leckerchen auf den Boden und clicken Sie, sobald der Hund es mit der Nase berührt.
3. Belohnen Sie ihn zusätzlich aus der Hand.
4. Wiederholen Sie das fünf Mal.
5. Zählen Sie zehn weitere Leckerchen ab.
6. Zeigen Sie jetzt auf den Boden.
7. Clicken Sie, sobald der Hund die Nase auf den Boden senkt (manche Hunde verstehen das sofort, bei anderen dauert es länger. Geduld – wir haben keine Eile!)
8. Wiederholen Sie das zehn Mal.
9. Zählen Sie zehn weitere Leckerchen ab.
10. Sagen Sie jetzt „Schnüffeln" und zeigen Sie zum Boden.
11. Warten Sie ab.
12. Clicken und belohnen Sie jedes Mal, wenn der Hund auf Ihr Signal hin die Nase zum Boden senkt.
13. Machen Sie eine Pause.
14. Bauen Sie jetzt mit den restlichen 15 Leckerchen langsam die Dauer auf.
15. Sagen Sie „Schnüffeln" und zeigen Sie auf den Boden.
16. Halten Sie den Click zuerst nur für einen Sekundenbruchteil zurück und bauen Sie dann langsam mehr Dauer auf. Falls Ihr Hund nach oben zum Leckerchen schaut, sind sie zu schnell vorgegangen und müssen Ihre Anforderungen langsamer steigern. Clicken Sie diesen Fehlversuch nicht, sondern warten auf einen korrekten zweiten Versuch.
17. Machen Sie weiter, bis alle Leckerchen verbraucht sind.

Das reicht erst einmal als Aktion für den Kopf – jetzt kümmern wir uns um die Pfoten! Gönnen Sie Ihrem Hund einen kleinen Jackpot: Sie können z.B. eine Handvoll Leckerchen auf den Rasen werfen und ihn diese zur Entspannung nach der Arbeit suchen lassen.

PFOTE HEBEN

In stehender Position genügt uns ein kleines Pfoteheben. Ohne das Gleichgewicht im Sitzen und das Bewegungsmoment kann das Anheben nicht so betont ausfallen wie im Sitzen, wir sprechen hier deshalb eher von „Pfote heben" als von „Pfote strecken". Die Muskeln der Gliedmaßen werden durch die langsame und sorgfältige Bewegung gestärkt, Balance und Körperbewusstsein verbessert.

LEKTION 2.7 PFOTE HEBEN RECHTS IM STEHEN („VORN RECHTS")

Sie brauchen:
- Clicker
- 40 Leckerchen
- Yogaraum
- Eine aktive und eine inaktive Schüssel

1. Zählen Sie 20 Leckerchen in die aktive Schüssel und nehmen eins davon in die Hand.
2. Fragen Sie „Sitz" ab.

Nase auf dem Boden im Stehen.

3. Da Sie bei den letzten Malen so viel an Kopfbewegungen gearbeitet haben, wird es Ihrem Hund jetzt schwerfallen, sein Bewusstsein auf ein anderes Körperteil zu lenken. Machen Sie es ihm leicht und üben Sie das Pfoteheben deshalb zuerst im Sitzen.
4. Üben Sie fünf Pfotenstreckungen links und fünf rechts im Sitzen.
5. Fragen Sie „Steh" ab.
6. Verlangen Sie „vorn rechts". Falls Ihr Hund sich hinsetzt, um die Pfote zu heben, clicken Sie nicht. Bitten Sie ihn einfach wieder ins Steh, belohnen ihn dafür (ohne Click) und wiederholen Sie.
7. Clicken und belohnen Sie jede Pfotenbewegung rechts, bis alle Leckerchen verbraucht sind.
8. Machen Sie eine Pause, trinken Sie ein Glas Wasser etc.
9. Zählen Sie zehn weitere Leckerchen ab.
10. Bitten Sie Ihren Hund ins „Steh".
11. Clicken und belohnen Sie Pfotenbewegungen rechts.
12. Formen und clicken Sie nach und nach nur noch die besten.
13. Wiederholen Sie, bis die zehn Leckerchen verbraucht sind.
14. Zählen Sie die zehn letzten Leckerchen ab.
15. Verlangen Sie „vorn rechts" im Sitzen, clicken und belohnen Sie.
16. Verlangen Sie jetzt „vorn rechts" im Stehen, clicken und belohnen Sie.
17. Wiederholen Sie, bis die zehn Leckerchen verbraucht sind.

Wow! Gut gemacht! Sie haben sich beide sehr konzentriert und können superstolz sein.

LEKTION 2.8 PFOTE HEBEN LINKS IM STEHEN ("VORN LINKS")

Bedenken Sie, dass Hunde „Rechts- oder Linkspföter" sind. Hündinnen sind öfter Rechtspföter und Rüden öfter Linkspföter! Das lohnt sich zu beachten, denn das Anheben der nicht dominanten Pfote zu verlangen ist ein bisschen so, wie von einem Rechtshänder das Schreiben mit links zu verlangen. Der Gebrauch einer Pfote wird dem Hund viel schwerer fallen als der der anderen. Was aber auch heißt, dass es echte Vorteile hat, wenn der Hund lernt, seine nicht dominante Pfote zu kontrollieren und zu gebrauchen. So können Sie zum Beispiel in Agility oder Obedience Balance und gleichmäßige Bewegungen verbessern.

Pfote heben, rechts im Stehen.

Sie brauchen:
- Clicker
- 40 Leckerchen
- Yogaraum
- Eine aktive und eine inaktive Leckerchenschüssel

1. Zählen Sie 20 Leckerchen in die aktive Schüssel und nehmen eins davon in die Hand.

2. Verlangen Sie „Steh".
3. Verlangen Sie „vorn links". Vielleicht bietet Ihr Hund Ihnen die andere Pfote an, weil es das ist, was Sie zuletzt geübt haben. Bestärken Sie das nicht, egal wie toll er das macht, denn das ist nicht, was sie verlangt haben.
4. Clicken und belohnen Sie jede Bewegung der anderen Pfote. Manche Hunde verstehen das sehr schnell. Wenn es ihm schwer fällt, verlangen Sie „vorn rechts" und „vorn links" im Sitzen und versuchen Sie es danach nochmals im Stehen.
5. Wiederholen Sie und clicken Sie die besten Pfotenhebungen vorn links.
6. Machen Sie eine Pause. Im Winter könnten Sie in ein anderes Zimmer gehen und ihren Hund durchknuddeln, im Sommer gehen Sie einfach zusammen ins Freie.
7. Zählen Sie zehn weitere Leckerchen ab.
8. Verlangen Sie „vorn links".
9. Clicken und belohnen Sie.
10. Wiederholen Sie das zehn Mal.
11. Zählen Sie die übrigen zehn Leckerchen ab.
12. Verlangen Sie nun „vorn rechts" und „vorn links" abwechselnd, clicken und belohnen Sie.

Fertig – hurra! Sie haben die Übungen im Stehen jetzt zur Hälfte geschafft, aber seien sie gewarnt – die nächsten Haltungen werden knifflig!

LEKTION 2.9 HINTERPFOTE RECHTS IM STEHEN HEBEN („HINTEN RECHTS")

Hier müssen wir sehr schnell mit dem Clicker sein. Diese Haltung ist sehr schwierig zu formen, weshalb Sie im richtigen Einsatz des Clickers fit sein müssen. Üben Sie im Zweifelsfall nochmals das Clicken mit einem hüpfenden Tennisball, bevor Sie loslegen.

Pfote heben.

Atmen Sie tief durch. Seien Sie sich darüber im Klaren, was Sie trainieren möchten und gehen Sie Schritt für Schritt vor. Wenn Sie noch nicht zum Weitergehen bereit sind, überlegen Sie, wie Sie die Übung weiter herunterbrechen können – und scheuen Sie sich nie, mehr Leckerchen in den Topf zu werfen. Vergessen Sie nicht, dass Sie beide Spaß haben sollten und brechen Sie ab, wenn Sie oder Ihr Hund frustriert werden.

Sie brauchen
- Clicker
- 45 Leckerchen
- Yogaraum

Eine aktive und eine inaktive Schüssel. Die aktive Schüssel ist nur für Leckerchen, die wir aktuell gebrauchen und dient dazu, Ihnen die Hände freizuhalten.

1. Zählen Sie 15 Leckerchen ab und nehmen eins davon in die Hand.
2. Verlangen Sie Stehen.
3. Halten Sie ein Leckerchen dicht vor Ihren

Hund, nah vor seine Brust, als ob Sie ihn rückwärtsgehen lassen möchten.

4. Clicken Sie, wenn die rechte Hinterpfote zurücktritt.
5. Belohnen Sie vor Ihrem Hund: Sobald er sein rechtes Hinterbein bewegt, clicken Sie, belohnen ihn aber vorn. Das macht es ihm klarer, dass jetzt kein Rückwärtsgehen gefragt ist.
6. Wiederholen Sie das fünf Mal.
7. Jetzt warten Sie ab, ob Ihr Hund einen Schritt zurück oder eine Bewegung der rechten Hinterpfote anbietet.
8. Clicken und belohnen Sie alle Bewegungen hinten rechts, bis die übrigen zehn Leckerchen aufgebraucht sind.
9. Machen Sie eine Pause.
10. Zählen Sie 15 weitere Leckerchen ab.
11. Warten Sie auf Pfotenbewegungen rechts hinten und clicken Sie die ersten fünf.
12. Jetzt clicken Sie mit den restlichen zehn Leckerchen nur noch die besten.
13. Zählen Sie zehn weitere Leckerchen ab.
14. Sagen Sie jetzt „hinten rechts" und zeigen auf das rechte Hinterbein.

Linke Hinterpfote heben.

15. Warten Sie ...
16. Clicken und belohnen Sie diese Bewegungen und formen Sie, indem Sie nur die höchsten clicken.
17. Formen Sie alle Vorwärts- oder Rückwärtsbewegungen heraus, indem Sie das Anheben der Hinterpfote nur noch dann belohnen, wenn der Hund möglichst still steht.

Das war wirklich schwierig! Klopfen Sie sich selbst auf die Schulter und knuddeln Sie Ihren Hund.

LEKTION 2.10 HINTERPFOTE LINKS IM STEHEN HEBEN („HINTEN LINKS")

Sie brauchen:

- Clicker
- Leckerchen
- Yogaraum
- Zwei Schüsseln wie gehabt

1. Zählen Sie zehn Leckerchen in die aktive Schüssel und nehmen Sie eins in die Hand.
2. Verlangen Sie „Steh".
3. Locken Sie Ihren Hund wie beim letzten Mal einen Schritt zurück, clicken und belohnen aber dieses Mal Bewegungen der linken Hinterpfote.
4. Wiederholen Sie das zehn Mal.
5. Zählen Sie 15 Leckerchen ab.
6. Lassen Sie das Lockfutter weg und warten auf eine Bewegung der linken Hinterpfote.
7. Clicken und belohnen Sie jede Bewegung hinten links.
8. Wiederholen Sie das fünf Leckerchen lang.
9. Jetzt clicken und belohnen Sie nur noch die besten Pfotenhebungen. Seien Sie realistisch mit Ihren Kriterien – legen Sie es nicht auf eine volle Streckung an, wenn Ihr Hund gerade erst vage verstanden hat, dass er die linke Hinterpfote bewegen soll.

10. Machen Sie eine Pause.
11. Zählen Sie zehn weitere Leckerchen ab.
12. Verlangen Sie „hinten links“ und zeigen auf die linke Hinterpfote.
13. Clicken und belohnen Sie die besten Pfotenhebungen.
14. Üben Sie mit den restlichen Leckerchen vorn rechts, vorn links, hinten rechts und hinten links im Stehen.

Ich wette, Sie hätten nicht gedacht, dass Sie Ihrem Hund so viel Kontrolle beibringen könnten! Sie haben sich beide viel Lob verdient! Die vier nächsten Übungen werden etwas leichter...

KONTROLLE DER RUTE

Hunde können ihren Schwanz genau wie Katzen auf verschiedene Weise einsetzen. Zunächst einmal brauchen sie ihn zum Balancieren. Sie sind zu unglaublichen Hüpfern und Sprüngen in der Lage und fallen nur selten hin. Durch Höher- oder Niedrigerhalten der Rute können sie sich ausbalancieren. Außerdem benutzen Hunde ihre Rute zur Kommunikation – was wesentlich mehr umfasst als Wedeln bei Freude und Einklemmen bei Angst.

Wie hoch die Rute getragen wird, kann man ein bisschen wie ein Stimmungsbarometer lesen. Eine mittelhohe Haltung signalisiert in der Regel einen entspannten und zufriedenen Hund. Eine hohe Haltung meint Spannung und Erregung, während eine niedrige kennzeichnend für einen gestressten und ängstlichen Hund ist.

Auch die Wedelgeschwindigkeit sagt etwas über das Maß der Aufregung. Der italienische Neurowissenschaftler Giorgio Vallortigora untersuchte mit seinem Team die Bedeutung von Richtungstendenzen beim Wedeln. Sie fanden heraus, dass Hunde eher nach links wedeln, wenn sie bedroht werden und eher nach rechts, wenn sie entspannt sind.

Hunde führen ganze Unterhaltungen mit ihren Ruten, weshalb Muskelkontrolle in diesem Bereich eine tolle Sache ist. Diese Signale sind aber schwer zu trainieren. Sie müssen sehr geduldig sein – halten Sie nach Anzeichen für Frustration Ausschau und verändern Sie ggf. Tempo und Belohnung.

Ella hält ihre Rute angespannt und tief, weil sie sich Marley gegenüber ein wenig unsicher fühlt. Marley dagegen wedelt mit hoher Rute und zeigt, dass er aufgeregt ist und spielen möchte.

LEKTION 2.11 RUTE HEBEN IM STEHEN („RUTE HOCH")

Sie brauchen:

- Clicker
- 65 Leckerchen
- Yogaraum (immer noch sauber und aufgeräumt!)
- Eine inaktive und eine aktive Leckerchenschüssel

1. Zählen Sie 20 Leckerchen in die aktive Schüssel.
2. Diesmal verlangen Sie von Ihrem Hund gar nichts, sondern werden das Heben der Rute formen. Anfangs clicken und belohnen Sie auch das Heben der Rute in Bewegung.

Rute heben im Stehen.

3. Bleiben Sie still und warten auf Ihren Hund. Falls er sitzt, fordern Sie ihn zum Stehen auf.
4. Clicken Sie jede Andeutung einer Rutenbewegung. In diesem Stadium können Sie Bewegungen nach links, rechts, oben oder unten clicken.
5. Clicken Sie 20 Rutenbewegungen und bestärken Sie sehr schnell, was heißt, dass Ihre Kriterien für Bewegung niedrig sein müssen. Bestärken Sie eine Weile lang auch sehr schwache Bewegungen. Beginnen Sie erst dann, mehr oder eine bestimmte Bewegung zu verlangen, wenn Ihr Hund sicher verstanden hat, dass Sie für Rutenbewegungen clicken. Das kann etwas dauern, seien Sie also ruhig und geduldig.
6. Zählen Sie 20 weitere Leckerchen ab.
7. Sie machen nun mehr oder weniger das Gleiche wieder, beginnen aber diesmal, sich wirklich auf Aufwärtsbewegungen der Rute zu konzentrieren. Auch nach oben rechts oder links ist in Ordnung, nur Abwärtsbewegungen clicken Sie ab jetzt nicht mehr.
8. Formen Sie die Rutenbewegung nach oben, clicken Sie also nur noch deutlichere Aufwärtsbewegungen.
9. Machen Sie eine Pause – eine sehr verdiente Pause. Wenn Sie frustriert sind oder die Übung Ihrem Hund sehr schwer fällt, machen Sie nach der Pause mit der Wiederholung von etwas anderem weiter und verschieben Sie die Fortsetzung auf morgen.
10. Zählen Sie 15 weitere Leckerchen ab.
11. Beginnen Sie Ihre Formungskriterien zu erhöhen, wenn Sie das Hörzeichen „Rute hoch" sagen und warten Sie dann.
12. Clicken und belohnen Sie, wenn die Rute nach oben geht.
13. Jetzt clicken Sie die Aufwärtsbewegung der Rute nur noch dann, wenn der Hund steht.
14. Wiederholen Sie, bis Ihre aktive Schüssel leer ist.
15. Machen Sie eine kurze Pause, die diesmal etwas formloser sein darf. Gönnen Sie sich

beiden einfach einen Moment, die Spannung abzuschütteln und etwas zu trinken.
16. Üben Sie mit den restlichen Leckerchen weiter „Rute hoch".
17. Clicken und belohnen Sie.
18. Wenn Ihr Hund es wirklich verstanden hat, streuen Sie verschiedene Stehpositionen ein.

Puh, das war eine Megasitzung. Sie und Ihr Hund werden heute Nacht gut schlafen!!

LEKTION 2.12 RUTE SENKEN IM STEHEN ("RUTE RUNTER")

Sie brauchen:
- Clicker
- Yogaraum
- 60 Leckerchen
- Zwei Schüsseln wie gehabt

1. Keine Angst, jetzt, wo das Ruteheben schon klappt, wird dies hier einfacher.
2. Zählen Sie 20 Leckerchen ab.
3. Verlangen Sie erst „Steh" und dann „Rute hoch".
4. Belohnen Sie beides, aber clicken Sie nicht. Warten Sie, bis die Rute sich zu senken beginnt.
5. Clicken Sie das Senken, belohnen und loben Sie Ihren Hund.
6. Wiederholen Sie das zehn Mal.
7. Verlangen und belohnen Sie das Heben der Rute jetzt nicht mehr. Clicken und belohnen Sie nur noch, wenn die Rute nach unten geht.
8. Wiederholen Sie das zehn Mal. Werfen Sie nach jedem Click das Leckerchen auf den Boden. So muss er sich jedes Mal neu positionieren – anderenfalls haben Sie bald einen Hund, der einfach nur verwirrt vor Ihnen steht!
9. Zählen Sie zehn weitere Leckerchen ab.
10. Diesmal clicken Sie die Rutensenkung,

Rute senken im Stehen.

geben das Leckerchen aber direkt ins Maul. Sollte Ihr Hund noch nicht so weit sein, wiederholen Sie zuerst den vorigen Schritt weitere zehn Male.

11. Wiederholen Sie zehn Mal.
12. Pausenzeit! Machen Sie die übliche Pause und sorgen für Klarheit im Raum und in Ihrem Kopf. Genießen Sie die Ruhe, Klarheit und das Wasser.
13. Fertig? Zählen Sie 20 weitere Leckerchen ab.
14. Bitten Sie Ihren Hund ins Stehen (belohnen Sie, aber clicken Sie nicht).
15. Jetzt sagen Sie „Rute runter".
16. Clicken und belohnen Sie das Senken der Rute.
17. Beginnen Sie, nur noch gute Senkungen zu clicken und belohnen. Legen Sie sich als Kriterium fest, bis zu welcher Höhe der Hinterläufe die Rute als nächstes heruntergehen soll. Senkt der Hund die Rute nur halb, warten Sie einfach, ob er noch ein bisschen mehr zeigt. Aber Achtung – falls Frust aufkommt, senken Sie Ihre Kriterien und erhöhen Sie Ihre Belohnungsfrequenz!
18. Wiederholen Sie, bis die Leckerchen alle sind.
19. Zählen Sie die letzten zehn Leckerchen ab und nehmen Sie eins in die Hand.
20. Verlangen Sie jetzt „Rute hoch".
21. Clicken und belohnen Sie.
22. Verlangen Sie „Rute runter".
23. Clicken und belohnen Sie.

Toll! Eine weitere Marathonsitzung geschafft! Spielen und Knuddeln sind angesagt! Sie machen das prima, die Rutenübungen sind wirklich schwierig!

LEKTION 2.13 WEDELN ("WEDELN")

Sie brauchen:

- Clicker
- Yogaraum
- 45 Leckerchen

Eine aktive und eine inaktive Schüssel. Zählen Sie nur die Leckerchen, die Sie jeweils für einen Durchgang brauchen, in eine Schüssel, damit Sie während des Trainings nicht mitzählen müssen.

1. Für die meisten Hunde ist das supereinfach. Zählen Sie zum Anfangen zehn Leckerchen ab.
2. Klatschen Sie in die Hände und sagen Sie mit aufgeregter Stimme „Wedeln!".
3. Ein bisschen Aufregung ist hier in Ordnung, aber auch nicht zu viel – stimmen Sie es auf Ihren Hund ab.
4. Clicken Sie das Schwanzwedeln sofort.
5. Reduzieren Sie Ihre eigene Aufregung im Verlauf der nächsten zehn Leckerchen.
6. Zählen Sie zehn weitere Leckerchen ab.
7. Hören Sie auf zu klatschen oder irgendeine Aktion zu machen und sagen Sie nur noch „Wedeln!" in moderat aufgeregter Tonlage.
8. Clicken und belohnen Sie das Wedeln. Zu viel Aufregung ist hier nicht gefragt, weil es

Wedeln.

dem Hund sonst schwerfällt, sich zu konzentrieren, zu kontrollieren und zu lernen.

9. Hier ist nicht unbedingt eine Pause nötig, da dies alles leicht ist und Spaß macht. Clicken und belohnen Sie also weiter, bis keine Leckerchen mehr in ihrer aktiven Schüssel sind.
10. Zählen Sie zehn weitere Leckerchen ab und werden Sie noch unaufgeregter. Sagen Sie in normalem Tonfall „Wedeln" und clicken Sie das Wedeln.
11. Formen Sie das beste Wedeln heraus: Clicken Sie nur noch die deutlichsten Bewegungen und halten Sie den Click zurück, bis Ihnen ein besseres Wedeln angeboten wird – vorausgesetzt, Sie sind sicher, dass Ihr Hund verstanden hat, worum es geht.
12. Machen Sie weiter, bis keine Leckerchen mehr in Ihrer aktiven Schüssel sind.
13. Zählen Sie den Rest der Leckerchen ab. Der nächste Schritt wird schwieriger für Ihren Hund, seien Sie deshalb geduldig, ruhig, klar und nachsichtig.
14. Verlangen Sie „Rute heben".
15. Clicken und belohnen Sie.
16. Verlangen Sie „Rute senken".
17. Clicken und belohnen Sie.
18. Verlangen Sie „Wedeln".
19. Clicken und belohnen Sie.
20. Wiederholen Sie, bis die Leckerchen alle sind.

Wissen Sie was? Sie haben eine weitere Kategorie geschafft! Die erste und zweite Kategorie sind jetzt komplett. Gut gemacht! Trainieren Sie eine Woche lang keine neuen Verhalten und keine Verkettungen. Verbringen Sie die Zeit mit Spielen und vielleicht ein bisschen Üben der schon trainierten Dinge. Machen Sie aber eine Woche Pause von neuen Informationen.

LEKTION 3 KATEGORIE „LIEGEN"

Wenn Ihr Hund entspannt ist, legt er sich hin. Wir alle mögen entspannte Hunde – je mehr wir die liegenden Haltungen also verstärken können, desto besser!

Auch in Sachen soziales Lernen ist es wirklich prima, wenn wir unseren Hunden dabei helfen können, wie sie verschiedene Liegepositionen kontrollieren können. Wenn Hunde sich unwohl fühlen, managen sie ihren Abstand zu Dingen mit Kopf und Pfoten – auch in Liegeposition, besonders, wenn sie eine Ressource bewachen oder sich körperlich unwohl fühlen.

Wenn zwei Hunde beisammen liegen, sieht man häufig, dass sie ihren Abstand zueinander so einrichten, dass sie voneinander wegschauen. Das lässt sich ungefähr mit „Danke, ich möchte keinen Kuschelpartner" übersetzen und dient auch zur Aggressionsvermeidung. Hunde nutzen liegende oder „rollende" Positionen aber auch, um puren Übermut auszudrücken oder manchmal auch, um sich selbst zu beruhigen oder um zu deeskalieren.

Entspannte Hunde legen sich oft zum Ausruhen hin.

Die Kategorie „Liegen" ist sehr wichtig und fördert ganz besonders die Entspannung. Wenn wir diese Haltung in der Nähe von Dingen üben, die dem Hund in der Vergangenheit Angst gemacht haben, müssen wir sehr, sehr gut auf die Distanz achten. Falls Sie diese Art von Arbeit vorhaben, sollten Sie den Rat eines Profis in Anspruch nehmen, um sicher zu wissen, wo die jeweilige Reizschwelle Ihres Hundes liegt (siehe Teil 3 für weitere Informationen).

LEKTION 3.1 PLATZ ("PLATZ")

Nach Ihrem einwöchigen Urlaub fangen wir nun mit etwas Einfachem an!

Sie brauchen:

- Clicker
- Yogaraum (mit Matte)
- Leckerchen
- Aktive und inaktive Schüssel

1. Zählen Sie zehn Leckerchen ab und nehmen Sie zwei davon in die Hand.
2. Verlangen Sie „Sitz". Belohnen Sie, aber clicken Sie nicht.
3. Halten Sie das andere Leckerchen dicht vor die Hundenase und bewegen es sehr langsam nach unten.
4. Clicken Sie, wenn Ihr Hund nach unten geht und füttern Sie das Leckerchen aus Ihrer Hand auf dem Boden.
5. Wiederholen Sie dies, wobei Sie Ihren Hund immer tiefer nach unten locken. Wenn das schwer fällt, versuchen Sie, das Leckerchen weiter vom Hund weg zu halten.
6. Zählen Sie zehn weitere Leckerchen ab.
7. Sobald Ihr Hund dem Leckerchen aktiv in die Platz-Position folgt, beginnen Sie das Futterlocken auszuschleichen.
8. Bewegen Sie nur noch die leere Hand zum Boden (halten Sie das Leckerchen weit genug weg in der anderen Hand).
9. Füttern Sie Ihren Hund dann nach dem Click im Liegen zwischen seinen Pfoten.
10. Wiederholen Sie das fünf Mal.
11. Beginnen Sie nun zu reduzieren, wie weit Sie Ihre Hand nach unten führen. Verringern Sie Ihre Bewegung innerhalb der nächsten fünf Versuche, bis Sie nur noch nach unten zeigen.
12. Machen Sie eine Pause. Lesen Sie sich zur Erinnerung nochmals den Abschnitt über Pausengestaltung durch.
13. Zählen Sie zehn weitere Leckerchen ab.
14. Zeigen Sie nach unten und sagen Sie „Platz".
15. Clicken und belohnen Sie, wenn Ihr Hund sich hinlegt.

Platz.

LEG DICH

Dies ist ein fantastisches Kommando anstelle von „Platz", wenn wir möchten, dass der Hund sich entspannt. Wir können einen Kontext schaffen, aber auch Kommandozeichen nutzen, um ihm verstehen zu helfen, was wir möchten. Wenn ich zum Beispiel mit meinen Hunden in ein Café gehe und etwas zu trinken bestelle, lege ich ihnen eine bequeme Decke auf den Boden (ich schaffe den Kontext) und verlange „Leg dich" (eine Haltung, die mit dem übereinstimmt, was ich von ihnen möchte). Das macht es sehr deutlich, dass ich mir Entspannung wünsche und nicht ein aufrechtes „Platz", das ja auch die Haltung ist, die Hunde zu Beginn einer Jagdsequenz einnehmen können.

Arbeiten Sie mit der „Bleiben lohnt sich Methode", um auch beim Liegen Dauer aufzubauen.

LEKTION 3.2 AUF DER RECHTEN SEITE LIEGEN ("LEG DICH RECHTS")

Sie brauchen:

- Clicker
- Leckerchen
- Zwei Schüsseln
- Yogaraum mit Matte

1. Zählen Sie zehn Leckerchen ab.
2. Verlangen Sie „Platz". Belohnen Sie, aber ohne zu clicken.
3. Locken Sie mit einem Leckerchen in der Hand den Kopf Ihres Hundes leicht nach links. Halten Sie das, bis die Hüfte sich leicht bewegt und er Hund sich auf seine rechte Seite legt.
4. Clicken und belohnen Sie.
5. Wiederholen Sie das, bis keine Leckerchen mehr in Ihrer aktiven Schüssel sind.
6. Zählen Sie zehn weitere Leckerchen ab.
7. Verlangen Sie „Platz" und warten ...
8. Clicken, belohnen und loben Sie Ihren Hund, wenn er sich auf seine rechte Hüfte legt.
9. Wiederholen Sie das, bis die zehn Leckerchen verbraucht sind.
10. Machen Sie eine Pause!
11. Zählen Sie zehn weitere Leckerchen ab.
12. Verlangen Sie diesmal „Leg dich rechts".
13. Warten Sie. Clicken und belohnen Sie, wenn Ihr Hund die gewünschte Haltung einnimmt.
14. Wiederholen Sie das, bis keine Leckerchen in ihrer aktiven Schüssel mehr übrig sind.
15. Zählen Sie die restlichen Leckerchen ab. Es sollten noch zehn da sein – aber wenn es neun oder 11 sind ist es auch kein Problem!
16. Verlangen Sie „Platz".
17. Clicken und belohnen Sie.
18. Verlangen Sie „Leg dich rechts". Es kann etwas länger dauern, bis Ihr Hund nach dem „Leg dich rechts" wieder ins Platz findet. Haben Sie Geduld und warten Sie ab.

Leg dich links.

19. Clicken und belohnen Sie.
20. Wiederholen Sie, bis keine Leckerchen übrig sind.

Genug für heute. Zeigen Sie Ihrem Hund mit Spielen und Knuddeln, was für ein Genie er ist!

Leg dich rechts.

LEKTION 3.3 AUF DER LINKEN SEITE LIEGEN ("LEG DICH LINKS")

Sie erinnern sich an die Rechts-/Links-Bevorzugung, von der wir früher sprachen? Hunde bevorzugen eine rechte oder linke Körperseite, so wie wir Rechts- oder Linkshänder sind. Das trifft auch auf „Leg dich" zu, seien Sie sich also dessen bewusst, dass Ihr Hund sich auf eine Seite lieber legen wird als auf die andere. Haben Sie Geduld. Bieten Sie ihm Pausen an, wenn er frustriert ist und denken Sie daran, die Schritte kleiner zu machen, wenn die Übung Ihrem Hund schwerfällt.

Sie brauchen:
- Clicker
- 40 Leckerchen
- Zwei Schüsseln für die Leckerchen
- Yogaraum mit Matte

1. Zählen Sie zehn Leckerchen ab.
2. Verlangen Sie „Platz" auf der Matte.
3. Locken Sie den Hund mit einem Leckerchen in der Hand so, dass er nach rechts hinten/unten schaut.
4. Lassen Sie die Lockhand da, clicken und belohnen Sie aus der anderen Hand, wenn Ihr Hund sich auf seine linke Seite legt.
5. Wiederholen Sie das, bis die aktiven Leckerchen verbraucht sind.
6. Zählen Sie zehn weitere Leckerchen ab.
7. Verlangen Sie „Leg dich links".
8. Seien Sie geduldig und warten Sie, dass Ihr Hund sich auf die linke Seite legt. Wenn es ihm schwer fällt, können Sie ihm die ersten Male helfen, indem Sie zuerst „Platz" abfragen.
9. Wiederholen Sie das zehn Leckerchen lang.
10. Machen Sie eine Pause.
11. Zählen Sie die restlichen 20 Leckerchen ab.
12. Verlangen Sie „Leg dich links".
13. Clicken und belohnen Sie.
14. Verlangen Sie Platz ... haben Sie Geduld. Wenn es zu schwierig ist, nehmen Sie ein Leckerchen in die Hand und locken die Nase des Hundes nach vorn, damit er seine Position ändert.
15. Clicken und belohnen Sie das „Platz".
16. Verlangen Sie jetzt „Leg dich rechts".
17. Auch dies kann wieder schwierig sein. Arbeiten Sie mit klaren Handzeichen, um Ihrem Hund zu helfen.
18. Wiederholen Sie das Ganze, bis keine Leckerchen übrig sind.

Wenn „Leg dich" nach beiden Seiten funktioniert, ist es Zeit für ein gründliches Ohrenkraulen und Knuddeln ...

LEKTION 3.4 PLATZ MIT KOPF AUF DEN PFOTEN ("TRAURIG")

Sie brauchen:
- Clicker
- 45 Leckerchen
- Yogaraum
- Eine inaktive und eine aktive Leckerchenschüssel

1. Zählen Sie zehn Leckerchen ab.
2. Verlangen Sie „Platz".
3. Nehmen Sie ein Leckerchen in die geschlossene Hand und halten Sie zwischen die Vorderpfoten des Hundes auf den Boden.
4. Clicken Sie und belohnen Sie aus der anderen Hand, wenn der Hund die Nase zwischen seine Pfoten bewegt, bis alle zehn Leckerchen verbraucht sind.
5. Zählen Sie 15 Leckerchen ab.
6. Verlangen Sie „Platz".
7. Arbeiten Sie diesmal ohne Lockfutter, son-

Platz mit Kopf auf beiden Pfoten.

dern halten nur noch die Hand auf Kopfhöhe des Hundes, zeigen auf den Boden und sagen „traurig".

8. Warten Sie.
9. Clicken und belohnen Sie jede Kopfbewegung nach unten.
10. Formen Sie dies, indem Sie nur noch clicken, wenn der Hundekopf zwischen den Pfoten den Boden berührt.
11. Machen Sie an dieser Stelle eine Pause, wenn Sie denken, dass Ihr Hund eine braucht. Sie muss aber nicht so lang sein.
12. Zählen Sie zehn Leckerchen ab.
13. Verlangen Sie „traurig" und zeigen nur auf den Boden.
14. Clicken und belohnen Sie das Ablegen des Kopfes.
15. Zählen Sie zehn weitere Leckerchen ab.
16. Verlangen Sie „traurig".
17. Halten Sie diesmal den Click zurück und versuchen Sie, die Dauer zu erhöhen.
18. Wenn er den Kopf hebt, belohnen Sie einfach nicht. Verlangen Sie erneut „traurig" und senken Sie beim nächsten Mal Ihr Kriterium hinsichtlich der Dauer.
19. Wiederholen Sie, bis die Leckerchen alle sind.

Das war zwar nicht allzu schwierig, aber ein Spiel draußen haben Sie beide sich trotzdem verdient.

LEKTION 3.5 PLATZ MIT KOPF AUF DEM BODEN LINKS ("TRAURIG LINKS")

Auch wenn Formen für die meisten Dogyoga-Übungen die beste Variante ist, ist diese Haltung hier einfacher zu locken. Sie können aber natürlich auch formen, wenn Sie möchten. Dazu können Sie zuerst das normale „Traurig" verlangen und es dann nach links formen, indem Sie nur noch clicken und belohnen, wenn der Kopf immer weiter nach links geht. Erst, wenn die Linksposition des Kopfes deutlich ist, geben Sie der Haltung einen neuen Namen. Das Locken ist aber meiner Meinung nach für die meisten Hunde einfacher.

Sie brauchen:

- Clicker
- Zwei Schüsseln
- Yogaraum
- 40 Leckerchen

1. Zählen Sie zehn Leckerchen ab und nehmen Sie eins in die Hand.
2. Verlangen Sie „traurig", aber zeigen Sie diesmal mit Ihrer Lockhand zur vom Hund aus gesehen linken Seite.
3. Warten Sie, bis der Kopf den Boden berührt.
4. Ist das der Fall, clicken Sie und belohnen Sie aus der anderen Hand.
5. Wiederholen Sie das fünf Mal.
6. Lassen Sie das Futter in der Hand weg und wiederholen Sie weitere fünf Male.
7. Zählen Sie zehn weitere Leckerchen ab.
8. Beginnen Sie nun Ihre Hand höher zu halten und nach unten links zu zeigen.
9. Clicken und belohnen Sie, wenn der Kopf die linke Pfote berührt.

Platz mit Kopf auf der linken Pfoten.

10. Wiederholen Sie, bis alle Leckerchen verbraucht sind. Clicken und belohnen Sie nur die besten Haltungen.
11. Machen Sie eine Pause.
12. Zählen Sie zehn weitere Leckerchen ab.
13. Sagen Sie „traurig links" und warten.
14. Clicken und belohnen Sie diese Haltung.
15. Wiederholen Sie, aber halten diesmal den Click zurück, um Dauer aufzubauen.
16. Zählen Sie zehn weitere Leckerchen ab.
17. Verlangen Sie „traurig", warten Sie, clicken und belohnen Sie.
18. Verlangen Sie „traurig links", warten Sie. Wenn Ihr Hund das normale „Traurig" zeigt, warten Sie einfach, ob er seine Kopfposition noch ändert.
19. Clicken und belohnen Sie.
20. Wiederholen Sie, bis die Leckerchen alle sind.

Fertig! Sie können sich auf die Schulter klopfen und Ihren superschlauen Hund loben.

LEKTION 3.6 PLATZ MIT KINN AUF DEM BODEN RECHTS („TRAURIG RECHTS")

Wie bereits erwähnt, gibt es auch bei Hunden Rechts- und Linkshändigkeit. Bedenken Sie das, denn es wird das Training mancher Übungen schwieriger machen. In diesem Fall erhöhen Sie am besten die Belohnungsfrequenz und machen sich nichts daraus, dass es eventuell etwas länger dauert. Wenn Sie wissen, welche die „bessere" Seite Ihres Hundes ist, rate ich, die Übungen immer zuerst auf dieser Seite zu trainieren.

Sie brauchen
- Clicker
- Eine inaktive und eine aktive Schüssel
- Yogaraum
- 30 Leckerchen

1. Zählen Sie zehn Leckerchen in die aktive Schüssel und nehmen eins in die Hand.
2. Verlangen Sie „traurig". Belohnen Sie mit einem Leckerchen, clicken aber nicht.
3. Verlangen Sie „traurig links" und belohnen Sie, aber wieder ohne Click.
4. Zeigen Sie jetzt zur rechten Seite des Hundes, verlangen „traurig rechts" und warten.
5. Geben Sie Ihrem Hund Zeit zum Nachdenken. Viele verstehen aber zu diesem Zeitpunkt schon, was gemeint ist.
6. Hat Ihr Hund Schwierigkeiten, zeigen Sie näher zum Boden.
7. Clicken und belohnen Sie, wenn die Nase den Boden berührt und wiederholen Sie.
8. Zählen Sie zehn weitere Leckerchen ab.
9. Verlangen Sie „traurig rechts".

Wenn wir dem Hund beibringen, eine bestimmte Pfote zu bewegen oder zu positionieren, verschaffen Targets uns und dem Hund mehr Klarheit.

10. Clicken und belohnen Sie die Haltung, schleichen Sie die Lockhand aus, bis sie in der üblichen Position ist und Ihr Hund „traurig rechts" ausführt.
11. Zählen Sie zehn weitere Leckerchen ab.
12. Clicken und belohnen Sie die Dauer. Halten Sie den Click also immer etwas länger zurück, wenn der Kopf unten ist.
13. Wiederholen Sie, bis die Leckerchen alle sind.

Juhu! Sie haben die Kopfhaltungen gemeistert! Denken Sie daran – Sie können jederzeit zurückgehen und Haltungen üben, wann immer Sie möchten. In jeder Sitzung sollte es irgendeinen Fortschritt im Sinne angehobener Kriterien geben, was aber nicht heißt, dass jedes Mal neue Haltungen eingeführt werden müssen.

LEKTION 3.7 PLATZ MIT RECHTER PFOTE VOR ("VORN RECHTS")

Sie brauchen:
- Clicker
- Leckerchen
- Eine inaktive und eine aktive Schüssel
- Yogaraum

Ein Target . Als Target kann alles Mögliche dienen, aber ich empfehle ein zurechtgeschnittenes Stück Buntpapier mit Doppelklebeband oder einem Poster Strip auf der Rückseite.

1. Atmen Sie tief durch und stellen Sie sicher, dass Sie mental in der richtigen Verfassung zum Trainieren sind.
2. Zählen Sie zehn Leckerchen ab.
3. Nehmen Sie das Target in die Hand.
4. Halten Sie es Ihrem Hund entgegen (aber nicht direkt in sein Gesicht) und belohnen Sie jedes Mal, wenn er es mit der Pfote berührt. Sie können „vorn rechts" dazusagen, wenn das hilft.
5. Verlangen Sie „Sitz" und wiederholen Sie.
6. Verlangen Sie „Steh" und wiederholen Sie.
7. Zählen Sie fünf weitere Leckerchen ab.
8. Verlangen Sie „Platz", belohnen Sie, ohne zu clicken.
9. Halten Sie das Target vor die rechte Vorderpfote und verlangen „vorn rechts". Clicken und belohnen Sie jedes Mal, wenn er das Target berührt.
10. Zählen Sie fünf weitere Leckerchen ab.
11. Legen Sie das Target vor der rechten Vorderpfote auf den Boden. Warten Sie, bis Ihr Hund vorn rechts anbietet, clicken und belohnen Sie.

Rechte Pfote vor im Liegen.

12. Wiederholen Sie das, bis keine Leckerchen mehr in der aktiven Schüssel sind.
13. Machen Sie eine Pause.
14. Zählen Sie zehn Leckerchen ab.
15. Schneiden oder reißen Sie das Target in zwei Hälften.
16. Verlangen Sie „Platz" und dann „vorn rechts".
17. Clicken und belohnen Sie.
18. Wiederholen Sie und schneiden das Target immer kleiner, bis es kaum noch da ist.
19. Zählen Sie zehn Leckerchen ab.
20. Nehmen Sie das Target weg.
21. Verlangen Sie „vorn rechts".
22. Clicken und belohnen Sie die Vorwärtsbewegung der Pfote.
23. Wiederholen Sie, bis die Leckerchen alle sind und formen nur die besten Pfotenbewegungen.

Das war ein prima Beispiel für Konzeptlernen. Sie haben die erste Haltung mit einem Target trainiert und Ihr Hund hat es gemeistert!

LEKTION 3.8 PLATZ MIT LINKER PFOTE VOR ("VORN LINKS")

Sie brauchen:
- Clicker
- 35 Leckerchen
- Eine aktive und eine inaktive Schüssel
- Yogaraum
- Target

1. Zählen Sie zehn Leckerchen ab.
2. Verlangen Sie „Platz". Belohnen Sie ohne Click.
3. Legen Sie das Target vor die linke Vorderpfote und verlangen „vorn links".
4. Wiederholen Sie und clicken Sie nur, wenn die linke Pfote das Target trifft. Das sollte jetzt einfach sein, weil sie gestern genau das gleiche mit der rechten Pfote geübt haben.
5. Zählen Sie fünf weitere Leckerchen ab.
6. Warten Sie, bis die linke Pfote das Target berührt. Clicken und belohnen Sie.
7. Wiederholen Sie, bis keine Leckerchen mehr in der Aktivschüssel sind.

Linke Pfote vor im Liegen.

8. Machen Sie eine Pause.
9. Zählen Sie zehn Leckerchen ab.
10. Schneiden oder reißen Sie das Target in zwei Hälften.
11. Verlangen Sie „vorn links".
12. Clicken und belohnen Sie.
13. Wiederholen Sie und schneiden das Target immer kleiner, bis es kaum noch da ist.
14. Zählen Sie zehn Leckerchen ab.
15. Nehmen Sie das Target weg.
16. Verlangen Sie „vorn links".
17. Wiederholen Sie, bis keine Leckerchen übrig sind.

Fertig! So viel Pfotenbewusstsein im Liegen ist ziemlich knifflig und in der nächsten Sitzung wird es sogar noch schwieriger. Entspannen Sie sich für heute – vielleicht mit einem schönen Zerr-oder Apportierspiel mit Ihrem Hund?

LEKTION 3.9 PLATZ MIT GEKREUZTEN PFOTEN ("KREUZ")

Pfoten kreuzen.

Das Kreuzen der Pfoten ist ein cooler kleiner Tanzschritt für Ihren Hund, aber auch eine gute Dogyogahaltung. Anfangs unterschied ich bei dieser Haltung noch zwischen „links über rechts gekreuzt" und „rechts über links gekreuzt". Beim Üben wurde aber schnell klar, dass dies es unbequem und ziemlich frustrierend für die Hunde machte. Es ist bei allen Dogyogahaltungen aber wichtig, dass Ihr Hund immer entspannt ist und sich wohlfühlt. Zwar ist auch das Pfotegeben links oder rechts anfangs je nach „Händigkeit" für den Hund schwierig, aber einmal verstanden, fällt es ihm offenbar nicht mehr schwer. Beim Kreuzen der Pfoten ist das anders, lassen Sie also Ihren Hund so kreuzen, wie es für ihn bequem ist und nehmen dann diese Version.

Sie brauchen:
- Clicker
- Target
- Yogaraum
- Zwei Schüsseln
- 40 Leckerchen

1. Zählen Sie zehn Leckerchen ab.
2. Verlangen Sie „Platz".
3. Legen Sie das Target oben auf eine der Pfoten.
4. Lassen Sie den Hund wählen, mit welcher Pfote er das Target berührt. Clicken und belohnen Sie.
5. Wiederholen Sie. Bewegen Sie das Target immer weiter in Richtung der anderen Pfote, bis er mit einer Pfote auf die andere treffen muss, um das Target zu berühren.
6. Zählen Sie zehn Leckerchen ab.
7. Halten Sie das Target in der Hand über die entgegengesetzte Pfote und verlangen „Kreuz".
8. Wir locken hier das Heben der Pfote auf der einen und das Berühren des Targets auf der anderen Seite.
9. Wiederholen Sie das, bis eine Pfote die andere kreuzt. Clicken, belohnen und loben Sie Ihren Hund.

10. Zählen Sie zehn weitere Leckerchen ab.
11. Legen Sie das Target auf die entgegengesetzte Seite der Pfote, sodass die dominante Pfote über die andere kreuzen muss, um daran zu kommen. Warten Sie ...
12. Clicken, belohnen und loben Sie begeistert, wenn Ihr Hund seine Pfoten kreuzt.
13. Diese Übung ist schwierig. Benutzen sie das Target mit Bedacht und steigern Sie Ihre Kriterien in realistischen, kleinen Schritten. Nur Dummköpfe handeln übereilt. Auch wenn das hier schwierig ist, sollte das Lernen immer noch Spaß machen und frei von Druck sein.
14. Machen Sie eine Pause.
15. Wenn Sie so weit gekommen sind, zählen Sie zehn Leckerchen ab und schneiden das Target halb durch.
16. Verlangen Sie „Kreuz".
17. Clicken und belohnen Sie die gekreuzten Pfoten.
18. Wiederholen Sie und machen Sie das Target immer kleiner, bis Sie es weglassen können.
19. Das letzte Detail ist die Dauer. Zählen Sie die letzten zehn Leckerchen ab.
20. Verlangen Sie „Kreuz" und halten den Click zurück.
21. Halten Sie ihn jedes Mal ein ganz klein wenig länger zurück, aber nicht so lange, dass der Hund frustriert wird oder die Haltung aufgibt.

Das war schwierig. Gute Arbeit von Ihnen beiden!

LEKTION 3.10 FLACH AUF DER RECHTEN SEITE LIEGEN ("FLACH RECHTS")

Haltungen wie die letzten drei aus der Kategorie „Liegen" erarbeiten wir immer mit Formen. Bei allen dreien wählt der Hund eine Haltung, in der er eigentlich sehr verletzlich ist. Beim Trainieren dieser Haltungen ist es so wichtig, die Gefühle des Hundes zu respektieren! Wir möchten nichts von ihm verlangen, was ihm ein schlechtes Gefühl verschafft, achten Sie also sehr genau auf die Körpersprache. Wir versuchen außerdem, aus dem gleichen Grund nicht zu viel an Dauer zu verlangen – fordern Sie Ihren Hund also nicht zum stundenlangen Flachliegen auf!

Flach rechts.

Sie brauchen:

- Einen Clicker
- Eine Matte
- 30 Leckerchen
- Yogaraum
- Zwei Schüsseln (aktiv und inaktiv)

1. Nehmen Sie zehn Leckerchen aus der inaktiven Schüssel und legen sie in die aktive Schüssel. Nehmen Sie eins davon in die Hand.
2. Verlangen Sie „Leg dich rechts". Belohnen Sie, aber clicken Sie nicht.
3. Verlangen Sie „vorn links". Belohnen Sie, aber clicken Sie nicht.
4. Benutzen Sie ein Leckerchen, um den Kopf sanft nach unten und hinten rechts zu locken, bis der Hund fast auf der Seite liegt.
5. Clicken und belohnen Sie, wenn er deutliche Anzeichen macht, seinen Körper in diese Position zu bringen.
6. Wiederholen Sie und steigern Sie Ihre Kriterien in kleinen Schritten, bis Ihr Hund sich vorrangig auf diese Seite bewegt.
7. Zählen Sie zehn weitere Leckerchen ab.
8. Wiederholen Sie Obiges zehn Mal, beginnen aber jetzt ein Handzeichen mit flacher, nach rechts geneigter Hand zu machen, anstatt den Kopf nach unten/hinten zu locken.
9. Führen Sie gleichzeitig Ihr Hörzeichen „flach rechts" ein. Denken Sie daran, dass das Hörzeichen knapp vor der Aktion kommen muss, die Sie anclicken können.
10. Schleichen Sie das Handsignal aus, bis Sie Ihre übliche Trainingshaltung einnehmen können.
11. Machen Sie eine Pause.
12. Zählen Sie zehn weitere Leckerchen ab.
13. Verlangen Sie „Platz".
14. Clicken und belohnen Sie.
15. Verlangen Sie „Leg dich rechts".
16. Clicken und belohnen Sie.
17. Verlangen Sie „Leg dich links".
18. Clicken und belohnen Sie.
19. Verlangen Sie „flach rechts". Warten Sie...
20. Clicken und belohnen Sie.
21. Wiederholen Sie in unterschiedlicher Reihenfolge, bis die Leckerchen alle sind.

Das war hart. Das Einnehmen dieser Haltung kann für den Hund anfangs schwierig zu verstehen sein. Vertrauen und Geduld auf beiden Seiten sind gefragt – gut gemacht!

LEKTION 3.11 FLACH AUF DER LINKEN SEITE LIEGEN ("FLACH LINKS")

Sie brauchen:

- Clicker
- Yogamatte
- Yogaraum
- 2 Leckerchenschüsseln
- 40 Leckerchen

1. Zählen Sie zehn Leckerchen ab, nehmen Sie eins davon in die Hand.
2. Verlangen Sie „leg dich links". Belohnen Sie, aber clicken Sie nicht.
3. Verlangen Sie „vorn rechts". Belohnen Sie, aber clicken Sie nicht.
4. Locken Sie den Hundekopf mit der Leckerchenhand nach unten/hinten links, bis er fast ganz auf der Seite liegt. Erzwingen Sie es nicht, bieten Sie einfach das Leckerchen an und gehen in kleinen Schritten vor.
5. Clicken und belohnen Sie, wenn der Hund einen großen Teil seines Körpers zu dieser Seite bewegt.

Flach links.

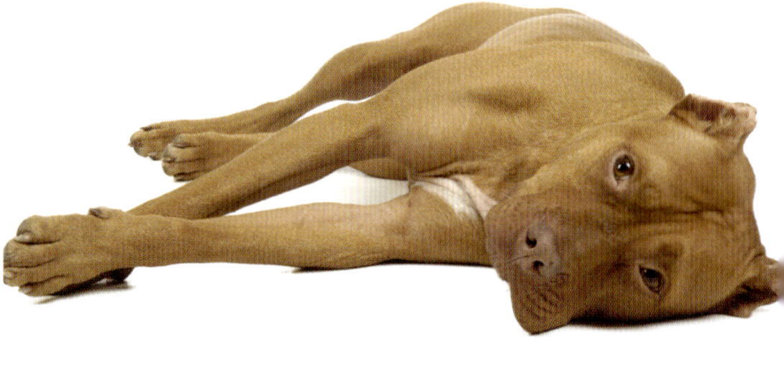

6. Wiederholen Sie und steigern Sie Ihre Kriterien mit jedem Mal, bis der Hund sich bevorzugt auf die linke Seite begibt.
7. Zählen Sie zehn weitere Leckerchen ab.
8. Wiederholen Sie den Prozess zehn Mal, beginnen jetzt aber ein Handzeichen anstatt des Lockens mit Futter einzusetzen.
9. Führen Sie gleichzeitig das Wortsignal ein: „Flach links".
10. Reduzieren Sie das Handsignal, bis Sie es aus Ihrer normalen Trainingshaltung heraus geben können.
11. Machen Sie eine Pause.
12. Zählen Sie 20 weitere Leckerchen ab.
13. Verlangen Sie „Platz".
14. Clicken und belohnen Sie.
15. Verlangen Sie „Leg dich rechts".
16. Clicken und belohnen Sie.
17. Verlangen Sie „Leg dich links".
18. Clicken und belohnen Sie.
19. Verlangen Sie „Flach rechts".
20. Clicken und belohnen Sie.
21. Verlangen Sie „Platz".
22. Clicken und belohnen Sie.
23. Verlangen Sie „Flach links".
24. Clicken und belohnen Sie.
25. Wiederholen Sie in wechselnder Reihenfolge, bis die Leckerchen alle sind.

Gut gemacht! Tun Sie anschließend etwas, das Ihnen beiden Spaß macht – vielleicht Futter suchen oder auf dem Sofa kuscheln.

LEKTION 3.12 AUF DEM RÜCKEN LIEGEN ("RÜCKEN")

Diese dritte flach liegende Haltung ist die schwierigste. Seien Sie äußerst wachsam im Hinblick auf Anzeichen von Stress. Wenn sich Ihr Hund nicht wohlfühlt, z.B. seine Muskeln anspannt oder in dieser Position unglücklich ist, brechen Sie ab und kommen zu einem späteren Zeitpunkt nochmals zu der Übung zurück, wenn Ihr Hund die anderen flachliegenden Haltungen schon längere Zeit geübt hat.

Sie brauchen:
- Clicker
- Yogamatte
- Yogaraum
- Zwei Leckerchenschüsseln
- 40 Leckerchen

1. Zählen Sie zehn Leckerchen ab.
2. Verlangen Sie „flach links" oder „flach rechts", was Ihrem Hund leichter fällt.
3. Nehmen Sie ein Leckerchen in die Hand, lassen den Hund daran knabbern und bewegen die Hand dabei nach oben, sodass er den Bauch nach oben zu drehen beginnt.
4. Wiederholen Sie das. Clicken Sie und werfen die Belohnung auf den Boden, sodass der Hund aufstehen muss, um daran zu kommen und bereit für den nächsten Durchgang ist.
5. Zählen Sie zehn weitere Leckerchen ab.

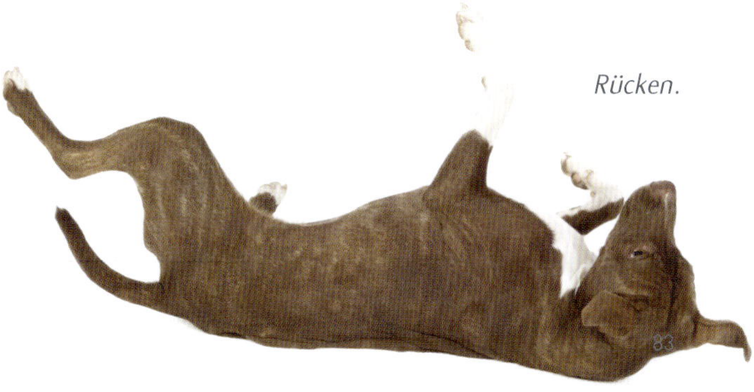

Rücken.

6. Wiederholen Sie Obiges, beginnen jetzt aber „Rücken" zu sagen, wenn Sie Ihren Hund in die Haltung locken.
7. Lassen Sie das Leckerchen in der Hand nun weg und beginnen die Lockhand auszuschleichen. Dazu führen Sie Ihre Hand anfangs genau wie zuvor, nur ohne Futter darin.
8. Jetzt halten Sie die leere Hand jedes Mal, wenn Sie „Rücken" sagen, höher, bis Sie in ihrer normalen Trainingsposition sind und die Hand weglassen können.
9. Machen Sie eine Pause.
10. Zählen Sie zehn Leckerchen ab und atmen tief durch.
11. Verlangen Sie „Rücken".
12. Warten Sie geduldig und formen Sie ggf. die Haltung. Clicken und belohnen Sie dazu alles, was entfernt dem Liegen auf dem Rücken ähnelt und erhöhen dann Ihre Kriterien, bis der Hund ganz mit dem Bauch nach oben liegt.
13. Wiederholen Sie, bis Ihr Hund sich auf Signal zufrieden in die Haltung begibt.

Fertig! Sie haben alle Haltungen – alle drei Kategorien – geschafft! Schau an. Jetzt sind ein paar Tage Pause gefragt. Machen Sie Schnüffel- oder sonstige Spiele und kuscheln Sie mit Ihrem Hund. Sie können auch zwischendrin draußen die bisherigen Haltungen üben, aber halten Sie es langsam und entspannt, damit Sie beide den Spaß daran behalten!

Hunden beizubringen, sich bewusst und kontrolliert zu bewegen, ist knifflig, aber extrem hilfreich. Es erfordert Impulskontrolle und Fokus. Es bringt Erregung in kontrollierte Bahnen und hilft, eine beständige Konzentration zu wahren. Drehungen und Kreise, wie in der folgenden Lektion „Aktionen" beschrieben, sind auch prima geeignet, Arbeitshunde aufzuwärmen und generell das Körperbewusstsein zu stärken, die Hinterhand eingeschlossen. Alles zusammen fördert eine ständige Kontrolle der Sinne. Die Aktionen sind besonders hilfreich, wenn sie unter Ablenkung trainiert werden. Das Einflechten von unter Signal stehenden Aktionen in Bewegungssequenzen kann außerdem die Motivation erhöhen.

LEKTION 4 AKTIONEN

LEKTION 4.1 VIER ZURÜCK ("VIER ZURÜCK")

Sie brauchen:

- Clicker
- 40 Leckerchen
- Yogaraum
- Zwei Leckerschüsseln

1. Zählen Sie zehn Leckerchen ab und nehmen Sie eins in die Hand.
2. Verlangen Sie „Steh".
3. Halten Sie die Lockhand mit dem Futter unter das Hundekinn.
4. Clicken und belohnen Sie den ersten Rückwärtsschritt (Sie können in diesem Fall mit dem Leckerchen aus der Lockhand belohnen).
5. Wiederholen Sie, aber halten Sie diesmal den Click zurück und belohnen Sie erst nach zwei Schritten rückwärts.
6. Wiederholen Sie, aber halten Sie den Click bis zum vierten Rückwärtsschritt zurück.
7. Wiederholen Sie die vier Schritte rückwärts, bis keine Leckerchen mehr in der aktiven Schüssel sind.
8. Zählen Sie zehn weitere Leckerchen ab und nehmen Sie eins in die Hand.
9. Verlangen Sie „Steh".
10. Halten Sie die Hand (ohne Futter darin) leicht nach hinten unter die Nase des Hundes, sagen „vier zurück" und warten.

11. Clicken und belohnen Sie jede Rückwärtsbewegung.
12. Wiederholen Sie, bis die Leckerchen in der aktiven Schüssel alle sind. Reduzieren Sie die Handbewegung immer weiter und sagen deutlich „Vier zurück". Bleiben Sie geduldig!
13. Machen Sie eine wohlverdiente Pause.
14. Zählen Sie zehn weitere Leckerchen ab.
15. Zeigen Sie aus normaler Haltung nach hinten, sagen „vier zurück" und warten.
16. Clicken Sie jeden Rückwärtsschritt und belohnen Sie.
17. Wiederholen Sie, bis die aktiven Leckerchen alle sind, aber halten Sie den Click immer bis nach dem vierten Schritt zurück.
18. Zählen Sie zehn Leckerchen ab.
19. Verlangen Sie „Steh".
20. Verlangen Sie „Vier zurück".
21. Clicken und belohnen Sie.
22. Wiederholen Sie, bis die Leckerchen alle sind.

Vier zurück.

Juhu! Sie haben Ihre erste Aktion trainiert! Das muss definitiv gefeiert werden. Denken Sie sich etwas Schönes für Ihren Hund aus, er hat es sich verdient!

LEKTION 4.2 VIER VOR ("VIER VOR")

Sie brauchen:
- Clicker
- 40 Leckerchen
- Yogaraum
- Zwei Leckerchenschüsseln

1. Zählen Sie zehn Leckerchen ab und nehmen eins in die Hand.
2. Verlangen Sie „vier zurück".
3. Verlangen Sie „Komm".
4. Clicken Sie, sobald er sich vorwärts zu bewegen beginnt und verlangen Sie sofort (bevor Sie belohnen) „Steh".
5. Belohnen Sie. Der ein oder andere Clickerpurist wird vielleicht Einwände dagegen haben, den Hund fürs Vorwärtskommen zu clicken, vor dem Leckerchen aber noch eine andere Aktion zu verlangen. Ich finde aber, dass es in diesem Kontext dem Hund das Lernen erleichtert.
6. Wiederholen Sie, bis keine Leckerchen mehr in der aktiven Schüssel sind.
7. Zählen Sie zehn weitere Leckerchen ab.
8. Verlangen Sie „vier zurück".
9. Jetzt sagen Sie anstelle „Komm" „vier vor".
10. Warten Sie, bis Ihr Hund auf Sie zukommt.

Vier vor.

11. Machen Sie nach vier Schritten ein Stoppsignal mit der Hand, benutzen aber nicht das Wortsignal.
12. Clicken Sie das Anhalten (auch wenn es nach mehr als vier Schritten ist).
13. Belohnen Sie.
14. Wiederholen Sie, bis keine Leckerchen mehr im aktiven Topf sind.
15. Machen Sie eine Pause.
16. Zählen Sie zehn weitere Leckerchen ab.
17. Verlangen Sie „vier zurück".
18. Verlangen Sie „vier vor" und warten. Geben Sie diesmal kein Stoppsignal, sondern warten nur auf das Anhalten.
19. Clicken und belohnen Sie jedes Pausieren oder Stoppen.
20. Wiederholen Sie und formen vier Schritte heraus.
21. Zählen Sie die zehn letzten Leckerchen ab.
22. Verlangen Sie „Platz".
23. Verlangen Sie „Steh".
24. Verlangen Sie „vier vor".
25. Clicken und belohnen Sie die vier Schritte und das Stehenbleiben.
26. Verlangen Sie „vier zurück".
27. Clicken und belohnen Sie.
28. Verlangen Sie „vier vor".
29. Clicken und belohnen Sie die vier Schritte und das Stehenbleiben.
30. Wiederholen Sie, bis die Leckerchen alle sind.

Sie haben die Schrittaktionen geschafft! Ich wette, das war gar nicht so schwer, wie Sie dachten. Knuddeln und Spielen sind angesagt – Ihr Hund hat es verdient!

LEKTION 4.3 EINMAL GANZ LINKS HERUM DREHEN ("LINKS RUM")

Sie brauchen

- Clicker
- Leckerchen
- Yogaraum
- Zwei Leckerchenschüsseln

1. Zählen Sie zehn Leckerchen ab.
2. Verlangen Sie „Streck links".
3. Halten Sie Click und Belohnung zurück, bis sich eine Pfote nach links bewegt.
4. Wiederholen Sie und formen Sie die Linksbewegung, bis Ihr Hund sich zu drehen beginnt.
5. Zählen Sie zehn Leckerchen ab.
6. Verlangen Sie diesmal kein Strecken nach links, sondern warten einfach, dass er herausfindet: Diesmal sind es die Bewegungen nach links, die mir Belohnungen einbringen.
7. Formen Sie dies weiter und erhöhen Sie Ihre Kriterien nach und nach.
8. Warten Sie, bis Ihr Hund sich von selbst einmal ganz dreht.
9. Clicken und belohnen Sie am Ende der Drehung.
10. Zählen Sie zehn weitere Leckerchen ab.

11. Setzen Sie den Formungsprozess fort, bis Ihr Hund öfter komplette Drehungen anbietet.
12. Beginnen Sie nun „Links rum" zu sagen, bevor Sie zeigen.
13. Clicken und belohnen Sie die Drehung.

Wir sind durch – auch das war wieder nicht allzu schwierig. Das Trainieren der Aktionen ist in vielerlei Hinsicht einfacher als das der Haltungen, weil es eher das ist, was wir gewohnt sind. Aber trotzdem: Gut gemacht! Ein Schulterklopfen für Sie und Knuddeln für Ihren Hund.

LEKTION 4.4 EINMAL GANZ RECHTS HERUM DREHEN ("RECHTS RUM")

Sie wiederholen die vorige Lektion, nur diesmal in die andere Richtung. Wenn Sie oder Ihr Hund mit dem Formen der Drehung Schwierigkeiten haben, können Sie sie auch locken. Hier finden Sie eine Beschreibung zum Trainieren über Locken, falls Sie das bevorzugen.

Sie brauchen:
- Clicker
- 40 Leckerchen
- Yogaraum
- Zwei Leckerchenschüsseln

1. Zählen Sie zehn Leckerchen ab und nehmen eins in die Hand.
2. Locken Sie Ihren Hund damit in eine Rechtsdrehung.
3. Clicken und belohnen Sie auf der Hälfte der Drehung.
4. Wiederholen Sie, bis die aktiven Leckerchen alle sind.
5. Beginnen Sie jetzt nur noch die Hälfte der Drehung zu locken und ziehen Ihre Hand dann schnell weg, sodass der Hund den Rest der Drehung ohne Lockhand schafft.
6. Zählen Sie zehn Leckerchen ab.
7. Bewegen Sie Ihre Hand in einem Halbkreis, um Ihren Hund halb rechts herum zu locken.
8. Warten Sie, dass er die Drehung selbst vervollständigt.
9. Clicken und belohnen Sie das Ende der Drehung.
10. Wiederholen Sie und reduzieren Sie nach und nach das Locken mit der Hand.
11. Zählen Sie zehn weitere Leckerchen ab.
12. Schleichen Sie das Locken noch weiter aus, bis Ihr Hund sich auf Ihre nach rechts zeigende Hand hin dreht.
13. Sagen Sie nun „Rechts rum", bevor Sie nach rechts zeigen.
14. Clicken und belohnen Sie die Rechtsdrehung.
15. Zählen Sie zehn weitere Leckerchen ab.
16. Verlangen Sie „links rum".
17. Clicken und belohnen Sie.
18. Verlangen Sie „rechts rum".
19. Clicken und belohnen Sie.

Die Drehungen wären geschafft. Ich mag diese Aktionen, denn es macht auch draußen Spaß, sie zu üben.

Rechts rum.

Um den Kreis linksherum zu üben, benutzen wir anfangs einen Hilfsgegenstand. Im Gegensatz zu den Drehungen erfordert der Kreis Kontrolle und eine gemäßigtere Bewegung, was zu mehr Abstand führt. Das bedeutet, dass der Kreis weit genug sein muss, damit der Hund schreitet und nicht auf der Stelle umdreht.

LEKTION 4.5 KREIS LINKS HERUM ("KREIS LINKS")

Sie brauchen:

- Clicker
- 60 Leckerchen
- Yogaraum
- Zwei Leckerchenschüsseln
- Eine Pylone, alternativ große Flasche, Stuhl oder ähnliches Objekt

1. Zählen Sie zehn Leckerchen ab.
2. Auch hier ist das Formen möglich, wenn Sie möchten. Locken mit Futter in der Hand scheint aber für den Hund mehr Sinn zu ergeben.
3. Stellen Sie sich an die Pylone/das Objekt und locken Sie den Hund mit Ihrer Lockhand in einem vollen Kreis um das Objekt.
4. Clicken Sie auf der Hälfte des Kreises und belohnen Sie am Ende.
5. Wiederholen Sie das neun Mal.
6. Zählen Sie zehn weitere Leckerchen ab.
7. Beginnen Sie die Lockhand auszuschleichen und locken den Hund nur noch halb um die Pylone. Clicken Sie, wenn er sich selbst zu den restlichen Schritten entschließt und belohnen Sie am Ende des Kreises.
8. Clicken Sie, wenn Ihr Hund von selbst beginnt, auch ohne das Leckerchen Schritte auf die Hand zu und um das Objekt herum zu machen.
9. Wiederholen Sie und setzen Sie immer weniger Lockhand ein, bis der Hund von selbst um das Objekt läuft.
10. Zählen Sie zehn weitere Leckerchen ab.
11. Zeigen Sie zur linken Seite der Pylone, sagen „Kreis links" und warten.
12. Clicken und belohnen Sie die ganze Kreisrunde.
13. Wiederholen Sie, bis keine Leckerchen mehr da sind.
14. Machen Sie eine wohlverdiente Pause.
15. Bevor Ihr Hund wieder in den Raum kommt, nehmen Sie die Pylone/das Objekt weg und tauschen es etwas gegen kleineres, flacheres wie z.B. eine Zeitschrift oder einen Bierdeckel aus.
16. Zählen Sie zehn Leckerchen ab.
17. Verlangen Sie „Kreis links", zeigen zur linken Seite des neuen Gegenstands und warten.
18. Clicken und belohnen Sie die Kreisrunde. Wenn es Ihrem Hund sehr schwerfällt, locken Sie wieder ein ganz klein wenig, aber

seien Sie geduldig. Geben Sie ihm Zeit, es herauszufinden.

19. Achten Sie beim Zeigen darauf, weit nach links zu zeigen, etwa im 45-Grad-Winkel zu Ihrem Hund. Er soll dies hier nicht mit dem vorherigen „Rum", also Drehen auf der Stelle, verwechseln. Im Idealfall formen Sie so, dass er nicht zu eng um das Objekt herumläuft.
20. Zählen Sie zehn weitere Leckerchen ab.
21. Nehmen Sie den Gegenstand fort und benutzen nur noch ein Stück Papier.
22. Wiederholen Sie obiges, verlangen Sie den Kreis links.
23. Clicken und belohnen Sie die größeren Kreise rund um das Objekt.
24. Zählen Sie zehn weitere Leckerchen ab.
25. Wiederholen Sie obiges, aber reißen Sie das Papierstück immer kleiner, bis es ganz verschwunden ist.

Puh! Sie verdienen beide eine Pause und ein Zerr- oder Apportierspiel – schnappen Sie etwas frische Luft! Die Kreisbewegungen sind recht schwer zu lernen, würdigen Sie deshalb die Fortschritte Ihres Hundes und bedenken Sie, dass es nichts macht, wenn es mehr als eine Sitzung lang dauert, eine neue Haltung oder Aktion oder einen neuen Ausdruck zu lernen.

LEKTION 4.6 KREIS RECHTS HERUM ("KREIS RECHTS")

Sie brauchen:

- Clicker
- 70 Leckerchen
- Yogaraum
- Zwei Leckerchenschüsseln
- Die in der letzten Sitzung benutzten Gegenstände

1. Zählen Sie zehn Leckerchen ab und nehmen Sie eins zum Locken in die Hand.
2. Stellen Sie sich zur Pylone bzw. ihrem größten Objekt, führen Sie den Hund mit der Lockhand in einem vollen Kreis rechts um das Objekt herum wie zuvor.
3. Clicken Sie auf halbem und belohnen Sie auf ganzem Weg.
4. Wiederholen Sie neun Mal.
5. Zählen Sie zehn weitere Leckerchen ab.
6. Locken Sie den Hund diesmal halb um den Gegenstand und halten dann Ihre Hand auf die andere Seite, um ihn ganz zum Umrunden zu motivieren.
7. Wiederholen Sie und locken Sie immer weniger mit der Hand, sodass der Hund selbst um die Pylone läuft.
8. Zählen Sie zehn weitere Leckerchen ab.
9. Zeigen Sie auf die rechte Seite der Pylone, sagen „Kreis rechts" und warten.
10. Clicken und belohnen Sie die volle Kreisrunde.
11. Wiederholen Sie, bis die Leckerchen alle sind.
12. Machen Sie eine wohlverdiente Pause.
13. Bevor Ihr Hund in den Raum zurückkommt, nehmen Sie den Gegenstand fort und tauschen ihn gegen etwas Kleineres wie z.B. einen Bierdeckel aus.
14. Zählen Sie zehn Leckerchen ab.

Umkreisen rechts herum.

15. Verlangen Sie „Kreis rechts", zeigen rechts vom Objekt und warten
16. Clicken und belohnen Sie die Kreisrunde. Wenn Ihr Hund Schwierigkeiten hat, locken Sie wieder ein wenig, aber haben Sie Geduld und lassen ihm Zeit.
17. Zählen Sie zehn weitere Leckerchen ab.
18. Tauschen Sie den Gegenstand gegen ein Stück Papier aus.
19. Wiederholen Sie Obiges, sagen Sie „Kreis rechts" und zeigen.
20. Clicken und belohnen Sie weite rechte Kreise um das Papier herum.
21. Zählen Sie zehn weitere Leckerchen ab.
22. Verlangen Sie „Kreis rechts".
23. Wiederholen Sie Obiges, aber reißen Sie das Papierstück nach jedem erfolgreichen Durchgang kleiner, bis es ganz verschwunden ist.
24. Zählen Sie zehn weitere Leckerchen ab.
25. Verlangen Sie „Kreis links".
26. Clicken und belohnen Sie.
27. Verlangen Sie „Kreis rechts".
28. Clicken und belohnen Sie.
29. Wiederholen Sie, bis die Leckerchen alle sind.

Belohnen Sie Ihren Hund mit einem kräftigen Knuddeln und ein paar Runden Apportieren im Garten.

SESSION 4.7 KOPFSCHÜTTELN ("SAG NEIN")

Sie brauchen:
- Clicker
- 40 Leckerchen
- Yogaraum
- Zwei Leckerchenschüsseln

1. Zählen Sie zehn Leckerchen ab.
2. Üben Sie zu Beginn eine Sequenz „Streck links" und sofort danach „Streck rechts".
3. Zählen Sie zehn weitere Leckerchen ab.
4. Lassen Sie das Wortsignal weg und zeigen Sie nur noch mit Kopfnicken an, dass Sie „Streck links" und „Streck rechts" möchten.
5. Wiederholen Sie dies mehrmals und clicken Sie jeden Richtungswechsel.
6. Zählen Sie fünf Leckerchen ab.
7. Schütteln Sie einmal langsam den Kopf von links nach rechts, um erst „Streck links" und dann „Streck rechts" zu signalisieren und warten. Clicken Sie nicht, bevor Sie nicht ein Kopfschütteln erst nach links und dann nach rechts haben.
8. Wiederholen Sie das.
9. Zählen Sie fünf weitere Leckerchen ab.

Nein sagen.

10. Schütteln Sie Ihren Kopf, aber warten Sie diesmal, bis der Hund mit zwei Mal Kopfschütteln links, rechts, links, rechts antwortet.
11. Zählen Sie zehn Leckerchen ab.
12. Sagen Sie „Sag nein" und schütteln langsam und deutlich den Kopf.
13. Clicken Sie, sobald Ihr Hund links, rechts, links, rechts geschaut hat.
14. Wiederholen Sie das und spielen Sie damit, wie viele „streck links" und „streck rechts" Sie anclicken können.
15. Machen Sie eine Pause.
16. Zählen Sie nach Ihrer Rückkehr die zehn letzten Leckerchen ab.
17. Verlangen Sie „Sag nein", schütteln Sie Ihren Kopf und warten.
18. Clicken und belohnen Sie das Kopfschütteln.
19. Wiederholen Sie, bis die Leckerchen alle sind.

Das Kopfschütteln ist nicht allzu schwierig. Sie kommen jetzt an einen Punkt, an dem das Vokabular Ihres Hundes schon so gut ist, dass Sie mit Hilfe des Vorwissens erklären können, was gewünscht ist. Das ist eine prima Ausgangslage! Knuddeln Sie ihn heute Abend kräftig, denn es liegen noch einige schwierige Dinge vor Ihnen!

LEKTION 4.8 SCHÜTTELN ("SCHÜTTEL DICH")

Das Schütteln ist eine der am schwierigsten zu trainierenden Aktionen. Grob gesagt schüttelt sich ein Hund aus zwei Gründen: Erstens, um zu zeigen, dass er von einem aufgeregten oder ängstlichen Zustand in den „Denkmodus" umschaltet, sprich auf ein niedrigeres Adrenalinniveau kommt. Und zweitens, wenn er nass oder schlammig ist!

Im sozialen Kontext gebraucht, teilt der Hund mit diesem Verhalten einem anderen Hund mit, dass er sich in Richtung Neutralität bewegt. Er strebt nach Sicherheit und Vorhersehbarkeit in der Situation und möchte eine Konfrontation vermeiden.

Das Schütteln ist am häufigsten zu sehen, wenn der Hund nass oder draußen unterwegs ist, sprich umwelt- oder sozialbedingte Stressoren wahrscheinlich sind. Achten Sie einmal genau darauf, wann Ihr Hund sich schüttelt (außer, wenn er nass ist), denn das heißt, dass irgendetwas ihn zuvor aufgeregt hat und er jetzt wieder „herunterkommt".

Das Schütteln unter Signal zu bringen ist aus folgendem Grund knifflig: Wie gesagt schütteln Hunde sich, wenn sie zuvor etwas gestresst hat, und wir wissen, dass Stress die Lernfähigkeit reduziert (und unangenehm ist). Es gibt aber auch Situationen, in denen es sehr wahrscheinlich ist, dass der Hund sich schüttelt – wenn er aus dem Wasser kommt zum Beispiel oder von einer höflichen Hundebegegnung zurückkommt. Diese umweltbedingten Vorhersager des Verhaltens verursachen keinen unangenehmen Stress – also können wir sie für uns nutzen!

Wenn Ihr Hund zu höflichen und entspannten Hundebegegnungen in der Lage ist:
Wenn Ihr Hund zu der von Natur aus entspannten Sorte gehört, der gerne andere trifft, gehen Sie angeleint mit ihm auf die Hundewiese. Lassen Sie ihn einen anderen Hund begrüßen und warten Sie, bis er sich nach der Begegnung schüttelt.

Clicken und belohnen Sie das Schütteln, dann wiederholen Sie. Wenn Sie mit dieser Technik arbeiten, ist es wichtig, dass Ihr Hund in Gegenwart anderer Hunde nicht frustriert, übererregt oder ängstlich ist. In diesem Zustand können Hunde nicht lernen. Clicken und belohnen Sie das Schütteln, so oft Sie können.

Wir möchten, dass dieses Verhalten künftig häufiger auftritt. Sobald das merklich der Fall ist, sagen Sie jedes Mal „Schüttel dich", wenn der Hund sich zu schütteln beginnt. Wenn Sie meinen, dass Ihr Hund sich bewusster und auf Signal hin zu schütteln beginnt, erhöhen Sie die Bestärkung – sprich neben dem Leckerchen viel Lob, Bewegung und Knuddeln nach dem Click.

Wenn das Schütteln zuverlässig wird, beginnen Sie es auch außerhalb des bisherigen Kontextes abzufragen. Es ist ohnehin sehr wahrscheinlich, dass Ihr Hund sich schütteln wird, wenn er nach Hause kommt. Clicken und belohnen Sie dies also beim Nachhausekommen und trainieren es weiter. Sobald es verlässlich unter Signal steht, bitten Sie ihn in den Yogaraum, um dieses Verhalten auch zwischen anderen Haltungen und Aktionen abzufragen.

Wenn Ihr Hund nicht zu höflichen und entspannten Hundebegegnungen in der Lage ist, aber Wasser mag:

Auch hier ist es wieder ein schwieriger Balanceakt, alles richtig zu machen. Wenn Ihr Hund im Wasser zu sehr aufdreht oder umgekehrt Wasser nicht mag, ist diese Methode nicht empfehlenswert. Falls er aber eine Wasserratte ist und dabei nicht zu sehr hochdreht, dann unbedingt!

1. Zählen Sie zehn Leckerchen ab.
2. Nehmen Sie einen Schwamm und tauchen ihn in Wasser.
3. Sagen Sie „Schüttel dich", bevor Sie ein paar Wassertropfen auf den Kopf Ihres Hundes fallen lassen.
4. Clicken Sie jeden Ansatz von Schütteln (auch leichtes Kopfschütteln) und belohnen Sie.
5. Wiederholen Sie dies mit zehn Leckerchen.
6. Zählen Sie zehn weitere Leckerchen ab.
7. Sagen Sie wieder „Schüttel dich" und tropfen ein bisschen Wasser auf den Hund, warten aber diesmal, bis er sich am ganzen Körper schüttelt (was der Fall sein wird, wenn Sie warten). Clicken und belohnen Sie.

Schütteln (wenn Ihr Hund Wasser mag).

8. Wiederholen Sie dies mit neun Leckerchen.
9. Zählen Sie zehn weitere Leckerchen ab.
10. Verlangen Sie „Schütteln".
11. Nehmen Sie jetzt einen trockenen Schwamm und tun nur noch so, als ob Sie Wasser auf den Hund tropfen würden.
12. Warten Sie auf das Schütteln – haben Sie Geduld!
13. Clicken und belohnen Sie.
14. Wiederholen Sie.

Wenn Ihr Hund nicht zu höflichen und entspannten Hundebegegnungen in der Lage ist und kein Wasser mag, versuchen Sie dies hier:

Die dritte mögliche Lernmethode ist knifflig, aber zu schaffen – haben Sie Vertrauen!

1. Zählen Sie zehn Leckerchen in Ihre Hand.
2. Gehen Sie aus der Tür und lassen Ihren Hund für 30 Sekunden im Raum allein.
3. Gehen Sie in den Raum und begrüßen Ihren Hund freudig.
4. Warten Sie auf ein Schütteln.
5. Clicken und belohnen Sie.
6. Wiederholen Sie das zehn Mal.
7. Wiederholen Sie Obiges, aber beginnen Sie das Schütteln mit „Schüttel dich" anzukündigen, wenn es wahrscheinlich ist, dass Ihr Hund es gleich zeigen wird.
8. Zählen Sie zehn weitere Leckerchen ab.
9. Streben Sie nach einer Steigerung der Verhaltensfrequenz.
10. Wiederholen Sie die Schritte, verlassen aber diesmal nicht den Raum.
11. Nähern Sie sich der Tür, drehen sich um, gehen zum Hund zurück und begrüßen ihn.
12. Warten Sie und kündigen Sie das Schütteln mit „Schüttel dich" an.
13. Clicken und belohnen Sie.
14. Zählen Sie zehn weitere Leckerchen ab.
15. Gehen Sie zur Tür, dann zu Ihrem Hund zurück und begrüßen ihn.
16. Verlangen Sie nun „Schüttel dich" und warten.
17. Clicken und belohnen Sie das Schütteln.
18. Wiederholen Sie, bis die Leckerchen alle sind.
19. Zählen Sie zehn Leckerchen ab.
20. Verlangen Sie „Schüttel dich", ohne zur Tür zu gehen.
21. Warten Sie, clicken und belohnen Sie das Schütteln.
22. Wiederholen Sie, bis die Leckerchen alle sind.

Diese Methode, bei der wir die Umwelt und den Kontext nutzen, um ein Verhalten auszulösen und es dann einzufangen, unterscheidet sich sehr von den zuvor beschriebenen und es ist unwahrscheinlich, dass Sie diese Aktion in nur einer Sitzung trainieren können. Bleiben Sie am Ball und machen sich nichts daraus, wenn nicht immer gleich alles so klappt wie erwartet.

LEKTION 4.9 DIENER ("DIENER")

Sie brauchen:
- Clicker
- 30 Leckerchen
- Yogaraum
- Zwei Leckerchenschüsseln

1. Bei leicht erregbaren Hunden, die regelmäßig Verbeugungen als Spielaufforderungen zeigen, können wir das Verhalten einfangen.
2. Zählen Sie zehn Leckerchen ab und seien Sie mit dem Clicker bereit.
3. Machen Sie ein leises Wuffgeräusch, lassen sich auf Hände und Knie herab und klopfen Sie mit den Händen spielerisch schnell auf den Boden.
4. Bei Hunden, die von Natur aus häufig Spielaufforderungen zeigen, führt dies meistens zur Verbeugung.
5. Fangen Sie den Diener mit einem Click ein und belohnen Sie.

6. Wiederholen Sie, bis Sie zehn Verbeugungen eingefangen haben.
7. Wiederholen Sie Obiges, aber hören Sie auf zu „wuffen" und beginnen stattdessen „Diener" zu sagen, wenn Sie auf den Boden klopfen.
8. Wiederholen Sie, aber bleiben Sie diesmal stehen oder sitzen und klopfen Sie in die Luft, wenn Sie „Diener" sagen.
9. Clicken und belohnen Sie die Diener.
10. Beginnen Sie zu formen, indem Sie nur die deutlichsten Diener belohnen.

Wenn Ihr Hund nicht leicht von sich aus Spielaufforderungen zeigt:

1. Zählen Sie zehn Leckerchen ab und nehmen eins in die Hand.
2. Locken Sie den Hund mit der Hand in die Dienerposition.
3. Clicken und belohnen Sie. Anfangs sieht der Diener vielleicht mehr wie ein Herunterstrecken aus, aber das ist in Ordnung. Wir können ihn später noch formen, um ihn richtig hinzubekommen.
4. Clicken und belohnen Sie diese halben Diener weiter und beginnen Sie Ihre Lockhand auszuschleichen.
5. Beginnen Sie „Diener" zu sagen und das Lockfutter wegzulassen.
6. Schleichen Sie die Hand weiter aus, bis Ihr Hund sich auf Signal ohne jedes Locken und wenn Sie normal stehen oder sitzen verbeugt.

Diener.

Diese Diener machen immer Spaß und sehen auch cool aus! Sie und Fido sind auf dem besten Weg, echte Dogyogis zu werden! Schwanzwedeln, Lächeln und Knuddeln sind angesagt!

PFOTENTARGETS

Pfotentargets sind fantastisch, um bedachte, langsame und disziplinierte Bewegungen zu lehren. Hunde neigen dazu, ihr Gewicht von den Vorderpfoten zu nehmen und auf die Hinterhand zu verlagern, wenn sie sich zum Losrennen oder zu schnellen Reaktionen bereitmachen (durch Heben der Vorderpfote z.B.). Wenn ein Hund sein Gewicht nach hinten verlagert, ist das normalerweise die Vorbereitung aufs Losrennen und damit für uns eine Ankündigung dafür, dass er sich vielleicht unwohl fühlt. Es ist deshalb nützlich, wenn Sie diese Gewichtsverlagerung wahrnehmen und erkennen, auch wenn danach vielleicht ein Spiel folgt. Das Trainieren bedachter Pfotenbewegungen kann dem Hund helfen, seine Gewichtsverlagerung zu kontrollieren und uns dabei, sie leichter zu erkennen. Auch für Sporthunde sind diese Übungen prima geeignet, weil sie die Beweglichkeit fördern, Körperbewusstsein, Fokus und Genauigkeit steigern.

LEKTION 4.10 TARGET MIT DER RECHTEN VORDERPFOTE BERÜHREN ("TARGET RECHTS")

Sie brauchen:
- Clicker
- 40 Leckerchen
- Zwei Leckerchenschüsseln
- Ein rundes Stück Papier und eine Schere

1. Zählen Sie zehn Leckerchen in die aktive Schüssel und nehmen Sie eins in die Hand. Dies hier ist eine Sache der Wiederholungen, seien Sie also zum schnellen und genauen Clicken bereit.
2. Legen Sie das Papier auf den Boden.
3. Warten Sie, clicken und belohnen Sie jedes Mal, wenn die rechte Vorderpfote das Papier berührt.
4. Wiederholen Sie so oft, bis der Hund herausfindet, dass es das Berühren des Targets mit der rechten Vorderpfote ist, das ihm Leckerchen einbringt. Wir halten nach deutlichen und definitiven Bewegungen sowie einer Steigerung der Frequenz Ausschau.
5. Zählen Sie zehn weitere Leckerchen ab. Beginnen Sie „Target rechts“ zu sagen und auf das Papier zu zeigen.
6. Machen Sie eine Pause.
7. Zählen Sie zehn weitere Leckerchen ab.
8. Verlangen Sie „Target rechts“.
9. Clicken und belohnen Sie.

Hurra, geschafft! Das ist eine knifflige Aufgabe. Nachdem Sie auch die anderen Pfoten durch haben, sollten Sie etwas Zeit auf das Üben verwenden, um wirklich genau zu werden. Verbringen Sie jetzt erst einmal zehn Minuten mit Knuddeln und Spielen!

LEKTION 4.11 TARGET MIT DER RECHTEN PFOTE BERÜHREN ("TARGET LINKS")

Sie brauchen:
- Clicker
- 55 Leckerchen
- Yogaraum
- Zwei Leckerchenschüsseln

Wiederholen Sie den obigen Prozess, nur diesmal mit der linken Vorderpfote. Bedenken Sie, dass Hunde immer eine Pfote bevorzugen, weshalb eine Pfote wahrscheinlich leichter fällt als die andere. Nach dem schon trainierten Pfotenheben und den anderen Pfotenaktionen und –haltungen dürfte Ihr Hund es aber nicht zu schwierig finden.

Pfotentarget vorn rechts.

Nachdem Sie „Target links“ trainiert haben, zählen Sie 15 Leckerchen ab und üben „Target rechts“ und „Target links“, sodass klar ist, dass Ihr Hund leicht zwischen den beiden Kommandos unterscheiden kann.

Ein Spiel und eine Pause sind jetzt gefordert! Morgen machen wir uns an die Hinterbeine. Das wird ein neues Konzept und schwierig für Ihren Hund ...

HINTERPFOTEN-TARGETS

Das Berühren von Targets mit den Hinterpfoten ist knifflig! Es fällt schwer, weil wir normalerweise nie von unseren Hunden verlangen, ihre Hinterpfote auf diese Art zu benutzen. Diese Übung ist aber aus verschiedenen Gründen sehr gut für Ihren Hund: Sie verbessert Genauigkeit und Fokus, spielt aber auch mit der Gewichtswahrnehmung des Hundes. Wie schon erwähnt, verlagert ein Hund sein Gewicht eher nach vorn, wenn er selbstbewusst ist, etwas untersucht oder spielt. Ihm Aktionen beizubringen, in denen er sein Gewicht bewusst nach vorn bringt, kann Selbstvertrauen und Kontrolle verbessern. Für Sporthunde ist das auch toll geeignet, um die Kontrolle bei Bewegungen wie z.B. dem Slalom zu verbessern.

LEKTION 4.12 TARGET MIT DER RECHTEN HINTERPFOTE BERÜHREN („TIPP“)

Sie brauchen:
- Clicker
- 60 Leckerchen
- Zwei Leckerchenschüsseln
- Ein Stück Papier
- Yogaraum

1. Zählen Sie 20 Leckerchen ab und nehmen eins davon in die Hand.
2. Legen Sie das Papier auf den Boden.
3. Locken Sie den Hund nach vorn, sodass seine Hinterpfote auf das Papier trifft.
4. Clicken und belohnen Sie den Targetkontakt.
5. Wiederholen Sie und schleichen Sie das Locken langsam aus.
6. Zählen Sie zehn weitere Leckerchen ab.
7. Sagen Sie „Tipp“.
8. Wenn Sie noch ein wenig locken müssen, ist das in Ordnung. Ziel sollte aber sein, das Locken auszuschleichen.
9. Clicken und belohnen Sie den Hinterpfotenkontakt.
10. Machen Sie eine Pause.
11. Zählen Sie zehn weitere Leckerchen ab.
12. Sagen Sie „Tipp“ und warten ...
13. Clicken und belohnen Sie den Hinterpfotenkontakt. Tut Ihr Hund sich schwer, wiederholen Sie die Schritte oben.
14. Zählen Sie zehn weitere Leckerchen ab.
15. Sagen Sie „Tipp“.
16. Wiederholen Sie.

Viel Knuddeln und Lob bitte – etwas, das Ihrem Hund die Anspannung nimmt. Diese Lektion ist intensiv und schwierig!

LEKTION 4.13 TARGET MIT DER LINKEN HINTERPFOTE BERÜHREN („TAPP“)

Trainieren Sie die andere Hinterpfote genau wie die erste. Wenn Sie wissen, dass Ihr Hund ein ausgeprägter Rechts- oder Linkshänder ist, beginnen Sie mit der Seite, die ihm leichter fällt.

Wenn die Hinterpfotentargets klappen, zählen Sie 20 Leckerchen ab und wechseln Sie die verschiedenen Pfotentargets ab. Vergewissern

Sie sich, dass Ihr Hund die verschiedenen Kommandos korrekt unterscheidet. Loben Sie viel, clicken und belohnen Sie weiterhin.

Fantastisch, was Sie und Ihr Hund bis jetzt erreicht haben! Toll, dass er seinen Körper auf diesem Niveau kontrollieren kann und dass er so eine gute Bindung zu Ihnen hat.

Linke Hinterpfote auf Target.

LEKTION 4.14 ALLE VIER PFOTEN AUF TARGETS ("ALLE VIER")

Sie brauchen:
- Clicker
- 50 Leckerchen
- Zwei Leckerchenschüsseln
- Vier Papiertargets, auf dem Boden festgeklebt
- Yogaraum

1. Zählen Sie zehn Leckerchen ab.
2. Verlangen Sie „Tipp“ oder „Tapp“, je nachdem, was Ihrem Hund leichter fällt.
3. Clicken und belohnen Sie nicht, sondern verlangen stattdessen „Target links“.
4. Clicken und belohnen Sie, wenn Ihr Hund die Hinterpfotentargets hält und auch das neue Target trifft.
5. Wiederholen Sie das neun Mal.
6. Zählen Sie zehn weitere Leckerchen ab.
7. Wiederholen Sie das Obige, verlangen aber diesmal ein weiteres Pfotentarget vorn, sobald Sie die beiden Hinterpfoten haben.
8. Clicken und belohnen Sie, wenn Sie alle drei Targets haben.
9. Wiederholen Sie das neun Leckerchen lang.
10. Zählen Sie zehn weitere Leckerchen ab.
11. Verlangen Sie „Tapp“, dann „Target links“ und „Target rechts“. Bevor Sie clicken und belohnen, verlangen Sie „Tipp“.
12. Wiederholen Sie und werfen die Belohnung auf den Boden, sodass sie jedes Mal

Alle vier Pfoten auf Targets.

neu anfangen können.
13. Zählen Sie zehn Leckerchen ab.
14. Verlangen Sie „Alle vier“.
15. Warten Sie, bis Ihr Hund sich auf den vier Targets positioniert. Fällt es ihm schwer, helfen Sie ihm mit Handzeichen und schleichen diese in den Wiederholungen wieder aus.
16. Machen Sie eine Pause.
17. Zählen Sie die zehn letzten Leckerchen ab.
18. Verlangen Sie „alle vier“.
19. Clicken und belohnen Sie die Aktion.
20. Wiederholen Sie, bis die Leckerchen alle sind.

Gut gemacht! Sie haben alle Pfotentargets gemeistert. Leckerchen, Kuscheln und Spielen sind definitiv angesagt.

LEKTION 4.15 TARGET MIT DER NASE BERÜHREN ("STUPS")

Am Boden schnüffeln ist eine Aktion, die Hunde aus vielerlei Gründen und mit einigen wichtigen Konsequenzen tun. Zunächst einmal schnüffelt er natürlich, um Geruchsinformationen aufzunehmen. Schnüffeln ist aber auch ein Verhandlungsinstrument. Wenn er zum Beispiel den Weg eines anderen Hundes kreuzen oder sich etwas nähern möchte, das für einen anderen Hund oder ein anderes Wesen wichtig ist. In diesem Zusammenhang ist das Schnüffeln höflich und bedeutet: „Ich möchte keine Schwierigkeiten. Ich möchte nur in diese Gegend hier. Ist das in Ordnung?“

Schnüffeln kann auch eine Übersprungshandlung sein, zum Beispiel, wenn der Hund wegen eines möglichen Konflikts gestresst ist und die Situation beschwichtigen möchte, um den Konflikt zu vermeiden. Es ist so ähnlich, als ob Sie eine Spinne sehen (falls Sie Angst vor Spinnen haben) und mit dem Abwasch beginnen, um sich abzulenken.

Sie brauchen:
- Clicker
- 50 Leckerchen
- Zwei Leckerchenschüsseln
- Ein auf den Boden geklebtes Stück Papier
- Yogaraum

1. Zählen Sie zehn Leckerchen ab.
2. Legen Sie ein Leckerchen auf das Target.
3. Wenn Ihr Hund es berührt, um das Leckerchen zu nehmen, clicken Sie und füttern ein weiteres Leckerchen aus der Hand.
4. Wiederholen Sie das fünf Mal.
5. Zählen Sie zehn weitere Leckerchen ab.
6. Warten Sie, bis Ihr Hund wieder am Target schnüffelt.
7. Clicken, belohnen und loben Sie.

Nasentargets.

8. Wiederholen Sie.
9. Zählen Sie zehn weitere Leckerchen ab.
10. Sagen Sie „Stups" und zeigen auf das Target.
11. Clicken, belohnen und wiederholen Sie, bis keine Leckerchen mehr in der aktiven Schüssel sind.
12. Machen Sie eine Pause.
13. Nehmen Sie das Papier weg.
14. Zählen Sie zehn Leckerchen ab.
15. Sagen Sie „Stups" und zeigen.
16. Clicken und belohnen Sie.
17. Wenn Ihr Hund das verstanden hat (was ziemlich einfach ist), dann ...
18. ... zählen Sie die restlichen Leckerchen ab, verlangen Pfotentargets und wechseln diese mit dem Nasentarget ab. Sorgen Sie für Spaß und Spannung, indem Sie die Leckerchen werfen, anstatt sie aus der Hand zu füttern.

Wir sind mit den Aktionen durch! Sie und Ihr Hund sind Genies – Sie können richtig stolz aufeinander sein. Belohnen Sie sich gegenseitig mit ein paar richtig tollen Spielen.

LEKTION 5 AUSDRÜCKE

Manche Hundebesitzer glauben von sich, die Gesichtsausdrücke ihres Hundes sehen und verstehen zu können, während andere das so gut wie unmöglich finden. Ihr Hund spricht die ganze Zeit über mit seiner Gesichtsmimik zu uns, wir müssen nur lernen, dies zu merken und zu verstehen. Die nachfolgenden Ausdrücke werden alle von Hunden in ihrer Kommunikation gebraucht. Wenn man einem Hund beibringt, sie auf Signal zu zeigen, ist dies sowohl clever als auch ermutigend, denn es fördert Impulskontrolle, Fokus und bewusstere Kommunikation mit anderen Hunden oder anderen Lebewesen. Und auch dem Menschen tut es gut, wenn er lernt, diese Ausdrücke klarer zu beobachten.

LEKTION 5.1 NASE LECKEN („SCHLECK")

Das „Züngeln" ist für Hunde ein Verhandlungsinstrument: In der Regel ist es eine Geste höflicher, aber schon leicht eskalierter Konfliktvermeidung oder ein Warnsignal, wenn ihnen irgendetwas Stress verursacht. Warnsignale und passive Gesten wie Zungenbewegungen, Ohrbewegungen, Blickorientierung etc. sollten bemerkt und gefördert werden. Wenn ein Hund seine Nase oder Lefzen leckt, spricht er und drückt damit Besorgnis aus. Als durchschnittliche Hundehalter bemerken wir diese Art der Signalaussendung meistens gar nicht oder reagieren nicht darauf. Wenn wir dagegen Ausdrücke unter Signal gestellt haben, achten wir auch bewusster auf sie und erkennen sie damit künftig auch mit höherer Wahrscheinlichkeit im Alltag. Wenn wir etwas bestärken (wie wir es in diesem Training tun), wird es künftig wahrscheinlicher im alltäglichen, natürlichen Verhalten gezeigt. Wenn wir also die eher passiven Gesten und Ausdrücke verstärken, helfen wir dem Hund damit, seinen höflichen Wortschatz auszubauen. Wir bestärken ihn darin, Dinge wie etwa „Entschuldigung, würdest Du bitte so nett sein und mir ein bisschen mehr Platz lassen" zu „sagen" anstatt dass er die gleiche Botschaft mit „Schimpfen und Brüllen" mitteilt.

Sie brauchen:
- Clicker
- 30 Leckerchen
- Zwei Leckerchenschüsseln
- Yogaraum

1. Zählen Sie zehn Leckerchen ab.
2. Halten Sie eins davon zwischen den Fingern und lassen den Hund daran schnüffeln.
3. Halten Sie das Leckerchen hoch und warten.
4. Clicken Sie, sobald Ihr Hund seine Lefzen leckt. Anfangs besteht die größte Schwierigkeit hier im Warten, weil der Hund Ihnen wahrscheinlich sein ganzes Repertoire anbieten wird. Falls er erregt und frustriert wird, bitten Sie ihn ins „Sitz" (oder die für ihn bequemste Neutralposition, was bei Windhunden oder Border Collies auch „Platz" sein kann) und warten Sie weiter.
5. Clicken und belohnen Sie das Lefzenlecken. Besitzer sind oft überrascht, wie schnell Hunde das lernen. Es ist aber wirklich einfach, weil wir einfach nur ein natürliches Verhalten belohnen. Der Knackpunkt bei diesem Ausdruck (und allen anderen Ausdrücken) ist, dass wir das ohne Signal gezeigte Verhalten löschen möchten. Der Hund soll nicht ständig seine Lefzen lecken, sondern verstehen, dass er im Trainingskontext nur dann für das Zeigen von Ausdrücken belohnt wird, wenn er zuvor dazu aufgefordert wurde.
6. Machen Sie eine kurze Pause.
7. Zählen Sie zehn weitere Leckerchen ab.
8. Sagen Sie „Schleck".
9. Warten Sie, clicken und belohnen Sie, wenn er es tut.
10. Warten Sie nun ein paar Sekunden und ignorieren das Lefzenlecken, wenn er es unaufgefordert zeigt.
11. Sagen Sie wieder „Schleck", clicken und belohnen Sie.
12. Verlangen Sie nun „Platz", „Leg dich", „Target links" und „Streck rechts". Clicken und belohnen Sie jedes Kommando.
13. Verlangen Sie erneut „Schleck", clicken und belohnen Sie.
14. Wiederholen Sie Obiges und wechseln das „Schleck" mit anderen Haltungen und Aktionen ab, um sicherzustellen, dass er das Wortsignal versteht.

Nase lecken.

Prima – der erste Ausdruck ist fertig. Ist es nicht toll, wie viel Ihr Hund und Sie bis jetzt schon gelernt haben? Hunde sind viel schlauer, als wir denken, und nun sehen Sie selbst, wie clever Ihrer ist! Viel Lob und Kuscheln – aber belohnen Sie sich auch selbst, denn Sie machen gute Arbeit!

LEKTION 5.2 GÄHNEN ("GÄHN")

Lebewesen gähnen, um den Sauerstoffgehalt im Gehirn zu erhöhen. Hunde gähnen, wenn sie müde sind, aber auch, wenn sie ein bisschen gestresst sind. Die mit dem Gähnen einhergehende Körpersprache ist der beste Hinweis darauf, was von beidem der Fall ist. Ob ein Gähnen absichtlich gezeigt wurde oder nicht, werden wir nie erfahren, aber grundsätzlich ist es auch ein „Verhandlungssignal" in sozialen Situationen. Hunde interpretieren Gähnen bei einem Artgenossen als Zeichen dafür, dass dieser einen Konflikt vermeiden möchte. Häufig wird das Gähnen gespiegelt, kann aber auch einfach ansteckend sein, genau wie beim Menschen!

Einen Ausdruck wie das Gähnen zu trainieren kann aus mehreren Gründen nützlich sein. Einer davon ist natürlich, dass das Öffnen des Fangs auf Signal extrem praktisch für das Untersuchen und Reinigen der Zähne oder zur Medikamentengabe ist. Es ist auch eine Möglichkeit, den Hund nach einer stressigen Situation wieder zum „Herunterkommen" zu verhelfen.

Sie brauchen:
- Clicker
- Geduld
- 60 Leckerchen
- Yogaraum

1. Warten Sie im Yogaraum, bis Ihr Hund gähnt, den Fang öffnet oder zu vokalisieren beginnt. Es klingt zwar verrückt, aber wenn Sie abwarten, wird eins dieser drei Dinge passieren. Wenn Sie nämlich einfach im Trainingsraum sitzen und nichts verlangen, fühlt Ihr Hund sich vermutlich leicht verwirrt, was ein Gähnen hervorruft. Selbstbewusstere Hunde verspüren vielleicht eher Frustration als Verwirrung und beginnen zu vokalisieren, was ebenfalls zu einem geöffneten Fang führt. Für diesen Ausdruck ist es uns egal, ob wir ein tatsächliches Gähnen trainieren oder ob wir nur das Öffnen des Fangs auf Signal auslösen. Wenn keine der beiden Reaktionen stattfindet, leckt Ihr Hund sich vermutlich die Lefzen, weil Sie das als Letztes geübt hatten. Clicken Sie also sofort zu Beginn, sobald Ihr Hund den Fang öffnet.

Gähnen.

2. Wiederholen Sie Obiges. Falls Sie von der leicht frustrierten Vokalisation ausgehen, achten Sie darauf, ganz am Anfang zu clicken, bevor das Geräusch laut wird. Seien Sie hier sehr genau, damit der Hund versteht, dass es das Öffnen des Fangs ist, das ihm den Click einbringt. Versuchen Sie sogar schon zu clicken, bevor die Vokalisation einsetzt, damit Ihr Hund nicht denkt, Sie würden ihn für das Bellen belohnen. Wenn Sie vom Lefzenlecken ausgehen, versuchen Sie den offenen Fang zu formen, indem Sie den Click zurückhalten, wenn die Zunge herauskommt.
3. Inzwischen ist der Umgang mit dem Clicker für Sie schon sehr natürlich geworden. Dieses Niveau an Exaktheit und sorgfältigem Formen wäre zu Beginn unserer Reise noch nicht möglich gewesen, aber inzwischen sind Sie gut darin, rechtzeitig auf Ihren Hund zu reagieren. Denken Sie immer daran, Ihre Kriterien zu senken, falls Sie nicht oft genug zum Clicken kommen.
4. Wiederholen Sie das, bis das geöffnete Maul öfter gezeigt wird.
5. Zählen Sie zehn weitere Leckerchen ab und clicken jetzt nur noch, wenn der Hund den Fang weiter öffnet.
6. Achten Sie wieder darauf, Ihre Kriterien niedrig genug zu halten, damit es für den Hund einfach bleibt.
7. Wiederholen Sie, bis Sie das Verhalten „offener Fang" häufig bekommen.
8. Machen Sie eine Pause.
9. Zählen Sie zehn weitere Leckerchen ab.
10. Führen Sie ein Hörzeichen wie z.B. „Gähn" ein, clicken und belohnen Sie anschließend.
11. Wiederholen Sie, bis Sie sich sicher sind und beginnen dann unerwünschte Nebenverhalten wegzuformen, die Sie vielleicht zu Beginn versehentlich mittrainiert haben. Clicken Sie z.B. nur noch bei minimaler und dann bei keiner Vokalisation oder nur noch erst bei minimalem und dann bei keinem Lefzenlecken mehr.
12. Zählen Sie zehn weitere Leckerchen ab.
13. Verlangen Sie „Schleck".
14. Clicken und belohnen Sie.
15. Verlangen Sie „Gähn".
16. Clicken und belohnen Sie.
17. Wiederholen Sie, bis die Leckerchen alle sind.

Das haben Sie gut gemacht! Aus irgendeinem Grund fällt diese Lektion dem Mensch immer viel schwerer als dem Hund. Sie haben sich also ein Extrastück Schokolade und eine Runde Kuscheln mit Ihrem Hund verdient!

LEKTION 5.3 SEUFZEN ("SEUFZ")

Hunde seufzen als Zeichen von Langeweile oder Unabänderlichkeit, aber auch von Entspannung nach Anstrengung. Das Seufzen unter Signal zu stellen kann deshalb wirklich helfen, Ihren Hund zu beruhigen und „herunterzukommen", wenn es sein muss. Wenn Sie zum Beispiel „Leg dich" und anschließend „Seufz" verlangen, schaffen Sie einen Kontext und machen sehr klar, dass Sie Entspannung von Ihrem Hund möchten.

Sie brauchen:
- Clicker
- 60 Leckerchen
- Yogaraum
- Yogamatte oder Hundebett
- Aktive und inaktive Leckerchenschüssel

1. Zählen Sie zehn Leckerchen ab.
2. Verlangen Sie „Leg dich rechts" oder „Leg dich links", was Ihrem Hund leichter fällt.
3. Warten Sie ... wenn er aufsteht, fordern Sie ihn erneut zum Hinlegen auf.
4. Wenn er seufzt oder kräftig ausatmet, clicken Sie.
5. Werfen Sie ein Leckerchen auf den Boden.
6. Wiederholen Sie, bis keine Leckerchen mehr in Ihrer Aktivschüssel sind.

7. Zählen Sie zehn Leckerchen ab.
8. Warten Sie diesmal auf das Seufzen, ohne vorher „Leg Dich" verlangt zu haben.
9. Fangen Sie es mit Click und Leckerchen ein.
10. Wiederholen Sie, bis die Leckerchen in der Aktivschüssel alle sind.
11. Zählen Sie zehn weitere Leckerchen ab.
12. Sagen Sie „Seufz" und warten auf das Seufzen.
13. Clicken, belohnen und wiederholen Sie.
14. Machen Sie eine Pause.
15. Zählen Sie 20 Leckerchen ab.
16. Verlangen Sie „Seufz".
17. Clicken und belohnen Sie.
18. Verlangen Sie „Gähn".
19. Clicken und belohnen Sie.
20. Verlangen Sie „Seufz".
21. Clicken und belohnen Sie.
22. Wiederholen Sie, bis die Leckerchen alle sind.

Gut gemacht! Diese „Maulausdrücke" sind schwierig, weil Geduld und Vertrauen nötig sind, bis sie gezeigt werden. Wir sind nicht es nicht gewohnt, Bewegungen oder Ausdrücke des Fangs unter Signal zu setzen. Für den Hund ist es aber auch nichts anderes, als Pfote zu geben oder sich hinzusetzen! Sie machen das beide prima – jetzt gehen Sie eine Runde Ball spielen!

LEKTION 5.4 LÄCHLEN („LACH MAL")

Hunde können tatsächlich lächeln, aber nicht alle tun es und manchen Besitzern entgeht dieser Ausdruck. Wie beim Knurren zieht der Hund die Lefzen hoch – aber beides ist grundverschieden! Manche Hunde ziehen die Oberlippe hoch und zeigen die Zähne, wenn sie sehr aufgeregt sind und froh, Sie zu sehen. Das Ganze in Kombination mit einem weichen Gesichtsausdruck und entspannten Körper, mit nach vorn verlagertem Gewicht und generell dem Ausdruck von Fröhlichkeit. Einem Hund, der von sich aus lächelt, das Lächeln auf Signal beizubringen, ist prima zum Verbessern von Impuls- und Selbstkontrolle. Meistens geht mit dem Lächeln Aufregung einher, weshalb es knifflig ist, einem Hund es so beizubringen, dass er sich dabei unter Kontrolle behält.

Sie brauchen:
- Clicker
- 50 Leckerchen
- Yogaraum

Seufzen.

1. Zählen Sie 15 Leckerchen ab.
2. Nehmen Sie eins davon in die Hand und muntern Ihren Hund auf. Vielleicht gibt es ja Szenarien, in denen Ihr Hund von sich aus oft lächelt. Wenn ja, stellen Sie diese nach, indem Sie z.B. fortgehen und wiederkommen.
3. Wie bei den anderen Ausdrücken auch fangen wir zuerst das Verhalten ein und formen es dann. Das macht es schwieriger, das eigene Training vorab genau zu organisieren, das heißt, Sie müssen flexibel sein sowie Geduld und Vertrauen haben. Achten Sie darauf, dass Sie selbst besonders ruhig, gelassen und konzentriert sind, wenn Sie solche Übungen starten.
4. Clicken Sie das Lächeln und sagen „Lach mal".
5. Solange sich Ihr Hund in diesem Gefühlszustand befindet, erhalten Sie vielleicht drei oder vier Lächeln, bleiben Sie so lange fröhlich und in Bewegung.
6. Wenn Sie es schaffen, das Lächeln auszulösen, fangen Sie 15 Lächeln ein und belohnen Sie.
7. Zählen Sie zehn Leckerchen ab.
8. Sagen Sie „Lach mal".
9. Warten Sie.
10. Seien Sie geduldig und lassen Sie etwas, aber nicht zu viel Frustration zu. Eine bewegte Handgeste wie z.B. Wackeln mit den Fingern einer Hand hilft dem Hund vielleicht, sich an das angenehm aufgeregte Gefühl zu erinnern, das er beim letzten Clicken hatte.
11. Clicken und belohnen Sie das Lächeln. Wenn Sie keins bekommen, wiederholen Sie die obigen Schritte.
12. Machen Sie eine Pause, wenn Sie zehn Lächeln auf Signal bekommen haben oder wenn Frustration aufkommt.
13. Zählen Sie 15 Leckerchen ab.
14. Verlangen Sie „Schleck".
15. Clicken und belohnen Sie.
16. Verlangen Sie „Lach mal".
17. Clicken und belohnen Sie.
18. Verlangen Sie „Seufz".
19. Clicken und belohnen Sie.
20. Verlangen Sie „Gähn".
21. Clicken und belohnen Sie.
22. Verlangen Sie „Lach mal".
23. Clicken und belohnen Sie.
24. Wiederholen Sie, bis die Leckerchen alle sind.

Knifflig? Hat Ihr Hund immer noch Spaß am Training? Es ist sehr wichtig, dass Sie beide Spaß haben! Ist das nicht der Fall, gehen Sie zurück und wiederholen in den nächsten Tagen ein paar der älteren Übungen. Halten Sie die Kriterien niedrig, belohnen Sie häufig und kehren Sie erst zu den Gesichtsausdrücken zurück, wenn Sie sich inspirierter fühlen. Es muss Spaß machen!

Lachen.

LEKTION 5.5 BLINZELN ("KNIPS")

Augenblinzeln ist gut, denn es ist ebenfalls ein Verhandlungssignal. Ein Hund, der seine Augen geschlossen hat, schläft entweder oder teilt mit, dass er passiv und freundlich ist. Wenn man Hunden das Augenschließen beibringt, fördert man also einen natürlichen Entspannungszustand auf Abruf. Verlangen Sie aber bitte niemals von Ihrem Hund, geschlossene Augen oder Blinzeln vorzutäuschen, wenn er sich in einer (potenziell) stressigen oder sozialen Situation befindet.

Sie brauchen:
- Clicker
- 35 Leckerchen
- Zwei Leckerchenschüsseln
- Yogaraum

1. Zählen Sie zehn Leckerchen ab.
2. Schließen Sie Ihre Augen sanft blinzelnd, während Sie Ihren Hund ansehen und warten, dass er das erwidert.
3. Clicken und belohnen Sie, sobald er ein oder beide Augen schließt.
4. Wiederholen Sie das zehn Mal.
5. Zählen Sie zehn weitere Leckerchen ab.
6. Sagen Sie „Knips".
7. Schließen Sie Ihre Augen.
8. Warten Sie, bis er eins oder beide Augen schließt.
9. Clicken und belohnen Sie.
10. Wiederholen Sie, bis keine Leckerchen mehr in der Aktivschüssel sind.
11. Machen Sie eine Pause.
12. Zählen Sie 15 weitere Leckerchen ab.
13. Verlangen Sie „Knips", aber anstatt zu clicken und zu belohnen, verlangen Sie es erneut.
14. Clicken und belohnen Sie.
15. Verlangen Sie „Knips", nachdem der Hund geblinzelt hat. Warten Sie, bis er ein paar Mal mehr geblinzelt hat, bevor Sie clicken und belohnen.
16. Wiederholen Sie, sodass Ihr Hund so lange blinzelt, bis er den Click hört.

Hurra – wir lieben sanftes Blinzeln! Knuddeln und ein Spaziergang oder Spiel zur Belohnung für die harte Arbeit!

LEKTION 5.6 AUGEN ZU ("SCHLAF")

Sie brauchen:
- Clicker
- 40 Leckerchen
- Zwei Leckerchenschüsseln
- Yogaraum

1. Zählen Sie 25 Leckerchen ab.
2. Verlangen Sie „Knips".
3. Sie werden nun mit Warten und Formen arbeiten, also nur längeres Blinzeln clicken.

Blinzeln.

4. Hier müssen Sie wirklich wachsam und genau sein. Vielleicht zählen Sie im Kopf mit, damit Sie wissen, wie lange die Blinzler dauern.
5. Wiederholen Sie, bis die Leckerchen alle sind.
6. Zählen Sie weitere 15 Leckerchen ab.
7. Wiederholen Sie obigen Prozess, aber beginnen Sie den Click zurückzuhalten, wenn der Hund die Augen öffnet. Vielleicht blinzelt er daraufhin zwei Mal lang, aber das ist in Ordnung.
8. Wiederholen Sie, aber clicken Sie nur noch das längste Blinzeln.
9. Beginnen Sie zu formen, das heißt immer längeres Schließen der Augen zu clicken.
10. Wiederholen Sie, bis Ihr Hund auf den Click wartet, um die Augen zu öffnen.
11. Machen Sie eine Pause.
12. Wiederholen Sie Obiges, sagen aber diesmal „Schlaf" und clicken dann das lange Schließen.

Augen zu.

Wenn Sie einen Hund mit einem sehr „harten" Blick wie einen Border Collie oder Magyar Vizsla haben, formen Sie auch die Weichheit des Blicks. Geben Sie Extra-Leckerchen für weiche, fröhliche Blicke und halten Sie den Click bei fixem Starren zurück.

OHRENAUSDRÜCKE

Ohrenausdrücke sagen uns Einiges über die Ernsthaftigkeit einer Situation. Wenn die Ohren streng nach vorn gestellt sind, steckt in der Regel jede Menge Absicht dahinter – zum Beispiel zum Jagen, etwas zu untersuchen oder vielleicht auch zum Wegrennen. Sind die Ohren entspannt, ist die Situation in der Regel weniger intensiv. Wenn sie zurückgelegt sind, bedeutet dies in der Regel, dass der Hund eine Situation als stressig oder unklar empfindet. Beobachten Sie die Ohren Ihres Hundes und wie er sie nutzt, um Stimmungen in verschiedenen Situationen auszudrücken. Ohrenbewegungen werden in Situationen, in denen der Hund nachdenkt oder Informationen verarbeitet, manchmal auch als Mittel zur Spannungsmilderung verwendet. Durch eine Verbesserung der Muskelkontrolle der Ohren helfen wir dem Hund, bewusster zu kommunizieren und werden selbst künftig genauer auf die Ohren achten.

LEKTION 5.7 OHREN AUFSTELLEN ("WAS LOS?")

Sie brauchen:
- Clicker
- 30 Leckerchen
- Eine inaktive und eine aktive Leckerchenschüssel
- Yogaraum

1. Zählen Sie zehn Leckerchen ab.
2. Fragen Sie mit aufgeregter Stimme: „Was los?"
3. Clicken und belohnen Sie das Ohrenaufstellen, das als Reaktion auf Ihr aufgeregtes „Was los?" kommen wird.
4. Ihr Timing muss gut sein, seien Sie also wachsam!
5. Wiederholen Sie das zehn Mal.
6. Zählen Sie zehn weitere Leckerchen ab.
7. Es klingt falsch herum, aber warten Sie und sagen das Hörzeichen nicht mehr.
8. Clicken und belohnen Sie nur das Aufstellen der Ohren zehn Mal. Wir tun dies, um klarzumachen, dass wir nicht etwa Aufregung belohnen, sondern wirklich nur die Ohrenbewegung.
9. Zählen Sie zehn Leckerchen in Ihre Aktivschüssel und machen Sie eine Pause.
10. Fragen Sie bei Ihrer Rückkehr: „Was los?" Versuchen Sie jetzt, Ihre Stimme neutral zu halten, besonders wenn Ihr Hund ohnehin zu leichter Erregbarkeit neigt.
11. Clicken und belohnen Sie die Vorwärtsbewegung der Ohren.
12. Wiederholen Sie dies neun Leckerchen lang.

Das Ohrenaufstellen ist relativ leicht, aber stellen Sie sicher, dass Ihr Hund es wirklich verstanden hat. Teil des Zwecks der Übung ist, die dahinterstehende Energie zu reduzieren, deshalb ist es wichtig, dass wir hier nicht Aufregung unter Signal stellen. Streicheln, Lob und Spielen sind nun angesagt!

Mit den Ohren teilen Hunde eine Menge Informationen mit.

LEKTION 5.8 OHREN ZURÜCK ("NIX LOS")

Sie brauchen:

- Clicker
- 40 Leckerchen
- Ihre beiden Schüsseln

1. Zählen Sie zehn Leckerchen in die Aktivschüssel und nehmen eins davon in die Hand.
2. Weil Sie gestern das Aufstellen der Ohren geübt haben, ist es wahrscheinlich, dass Ihr Hund nun zu Ihnen kommt und sich mit aufgestellten Ohren vor Sie setzt. Das ist prima, weil es Ihnen die Möglichkeit gibt, zu warten, bis die Ohren zurückgehen.
3. Warten Sie, bis die Ohren nicht mehr aufgestellt sind. Sie müssen noch nicht richtig zurückgehen – eine entspannte Haltung reicht uns für den Anfang.
4. Clicken und belohnen Sie Rückwärtsbewegungen der Ohren, bis die Leckerchen alle sind.
5. Wenn die Rückwärtsbewegungen der Ohren nicht häufiger werden, länger dauern oder intensiver werden, zählen Sie zehn weitere Leckerchen ab und wiederholen Sie.
6. Zählen Sie zehn weitere Leckerchen ab.
7. Sagen Sie bedauernd „nix los" und warten, bis die Ohren zurückgehen.
8. Clicken und belohnen Sie, dann wiederholen Sie.
9. Sie müssen hier keine Pause machen, es sei denn, Ihr Hund braucht eine. Zählen Sie zehn weitere Leckerchen ab.
10. Sagen Sie „Nix los" und warten auf eine deutlichere Rückwärtsbewegung der Ohren. Bauen Sie als erstes die Intensität auf, clicken und belohnen also nur richtige Rückwärtsbewegungen.
11. Sobald die Ohren richtig zurückgehen, bauen Sie Dauer auf, halten also den Click zurück, bis Ihr Hund die Ohren zurückbehält und auf den Click wartet.
12. Zählen Sie zehn weitere Leckerchen ab und wechseln Sie zwischen „Was los?" und „Nix los" ab.

Gut gemacht! Macht das nicht Spaß? Ich finde schon! Meinem Hund macht das Üben jedenfalls Spaß, und ich hoffe Ihrem auch. Denken Sie immer daran, nach dem Üben Zeit fürs Spielen einzuplanen.

Wenn Sie lernen, die vielfältigen Gesichtsausdrücke Ihres Hundes zu erkennen, werden Sie ihn auch besser verstehen.

LEKTION 5.9 VOR- UND ZURÜCKBEWEGEN DER OHREN ("PASS AUF")

Sie brauchen:
- Clicker
- 50 Leckerchen
- Zwei Leckerchenschüsseln
- Yogaraum

1. Zählen Sie zehn Leckerchen ab und nehmen eins in die Hand.
2. Fragen Sie „Was los?" und clicken Sie.
3. Sagen Sie „Nix los" und clicken Sie.
4. Jetzt warten Sie: Ihr Hund wird beide zuvor belohnte Verhalten anbieten.
5. Warten Sie, bis die Ohren vor- und zurückgehen.
6. Clicken und belohnen Sie.
7. Warten und wiederholen Sie, clicken und belohnen Sie die Vor- und Zurückbewegung.
8. Zählen Sie zehn weitere Leckerchen ab.
9. Sagen Sie diesmal „Pass auf".
10. Warten Sie auf die Vor- und Zurückbewegung.
11. Clicken und belohnen Sie.
12. Sagen Sie wieder „Pass auf".
13. Warten Sie auf zwei Vor- und Zurückbewegungen, bevor Sie clicken.
14. Jetzt drei Bewegungen, dann vier, dann fünf.
15. Bei den letzten fünf Leckerchen clicken und belohnen Sie sporadisch. Ihr Hund soll verstehen, dass „Pass auf" eine Vor- und Zurückbewegung der Ohren so lange bedeutet, bis Sie clicken.
16. Machen Sie eine Pause.
17. Zählen Sie 20 Leckerchen ab. Denken Sie wie immer daran, dass es nicht schlimm ist, Schritte zu wiederholen, wenn Sie den Eindruck haben, dass es fürs Weitergehen noch zu früh ist. Sie können auch durchaus aufhören und am nächsten Tag weitermachen. Wir haben keinen Zeitdruck!
18. Wenn es bei Ihrem Hund „Klick" gemacht hat, wechseln Sie zwischen „Was los?", „Nix los" und „Pass auf" ab, bis Ihre Leckerchen alle sind.

Wow, was für einen tollen Hund Sie haben! Unglaublich, wie weit Sie seit Beginn des Trainings gekommen sind, Sie können stolz sein! Zeigen Sie Ihrem Hund Ihre Freude mit Streicheln, Leckerchen, Spielen oder was immer er am tollsten findet

LEKTION 5.10 SCHAU MICH AN ("SCHAU")

Jetzt kommt die letzte Übung! Bedenken Sie, dass manche nervösen Hunde Probleme mit Blickkontakt haben. Wir nehmen es zu leicht für selbstverständlich, wie gut sozial gesunde Hunde darin sind, ihr Verhalten an uns anzupassen. Hunde würden sich gegenseitig niemals mit dem gleichen direkten Blickkontakt

anschauen, wie sie es mit uns tun. Ich habe mich schon immer gefragt, warum der direkte Blickkontakt mit unseren Hunden, der für sie doch so unnatürlich ist, uns so wichtig ist. Es ist aber so, und im Alltag nehmen wir über den Blickkontakt Verbindung zu unseren Hunden auf. Der Menschheit den Wunsch nach Blickkontakt abgewöhnen zu wollen wäre unrealistisch, also bringen wir besser unseren Hunden bei, dass es in Ordnung und sogar ganz nett ist!

Sie brauchen:

- Clicker
- 50 Leckerchen
- Zwei Leckerchenschüsseln
- Yogaraum

1. Zählen Sie zehn Leckerchen ab.
2. Sprechen Sie Ihren Hund fröhlich an, in der Art von „Hej Kumpel, wie geht's, was stellen wir an?"
3. Sobald er Sie anschaut, clicken und belohnen Sie.
4. Wiederholen Sie das neun Mal.
5. Zählen Sie zehn weitere Leckerchen ab.
6. Hören Sie mit Sprechen auf, sitzen und warten Sie.
7. Clicken und belohnen Sie den Augenkontakt.
8. Wiederholen Sie das vier Mal.
9. Beginnen Sie nun „Schau" zu sagen. Clicken und belohnen Sie den Augenkontakt, indem Sie ein Leckerchen auf den Boden werfen.
10. Legen Sie die 30 restlichen Leckerchen in die aktive Schüssel.
11. Wechseln Sie zwischen allen zehn Ausdrücken einschließlich „Schau" ab.

Geschafft – hurra! Sie haben alle drei Haltungskategorien, alle 15 Aktionen und zehn Ausdrücke trainiert, was Respekt verdient. Die Reise ist aber noch nicht zu Ende: Sie können üben und Sequenzen miteinander verketten oder Ihr Training außerhalb der Yogaumgebung fortsetzen. Das Basisprogramm haben Sie aber erfolgreich absolviert. Gut gemacht!

Schau.

TEIL 3: DOGYOGA

IN SCHWIERIGER UMGEBUNG UND PROBLEMATISCHEN SITUATIONEN

Hunde sind unglaublich gut darin, sich an neue Umgebungen anzupassen. Über die Zeit, die ich mit Ihnen verbracht habe, bin ich immer wieder verblüfft davon, wie schnell sie neue Regeln und neue Abläufe lernen und ihr eigenes Verhalten verändern.

Die moderne Welt ist für Hunde höchst unvorhersehbar und oft sinnlos. Trotzdem bauen sich die meisten von ihnen eine fantastische Sammlung von Kontextsignalen auf, die ihnen sagen, wie sie an das kommen können, was sie möchten und brauchen. Manche Hunde leben auf Bauernhöfen, andere in kleinen Wohnungen. Manche begleiten ihre Besitzer auf Schiffs- oder Flugreisen um die Welt. Es gibt Hunde, deren Job es ist, epileptische Anfälle vorherzusagen, Menschen mit Behinderung beizustehen, nach Drogen zu suchen oder Polizisten und Soldaten zu unterstützen. Unsere Hunde sind absolut erstaunlich.
Manchmal bringen wir sie aber auch in schwierigere Umgebungen und Situationen, mit denen sie nicht so einfach umgehen können. Solche Umgebungen sind oft nicht dauerhaft (wie ein Aufenthalt in der Tierklinik oder im Tierheim), aber die in solchen Kontexten gelernten Rituale – und ihre Traumata – können Folgeprobleme verursachen, wenn die Hunde wieder in ihre „normale" häusliche Umgebung zurückkehren. Wenn Hunde aber mit der Situation nicht zurechtkommen und es so aussieht, als ob sie längerfristig darin bleiben müssten, müssen wir als Tierhalter andere Möglichkeiten in Betracht ziehen.

Für viele Hunde sind folgende Umgebungen schwierig:
- Tierheim
- Hausarrest
- Tierärztliche Quarantäne
- Postoperative Boxenruhe

ZWINGERANLAGEN

Viele Hunde haben in Zwingeranlagen von Tierheimen oder Tierpensionen Schwierigkeiten. Leider habe ich selbst schon erlebt, wie Hunde sich dort innerhalb weniger Wochen von anfänglich problemlos bis zu später schwer vermittelbar entwickelt haben – trotz aller Bemühungen des Personals, bessere Bedingungen zu schaffen.

Ein Teil des Problems ist der Mangel an sozialer und mentaler Stimulation. Auch wenn die Tierheimangestellten ihr absolut Bestes geben, um sicherzustellen, dass die Zwinger sauber sind, die Hunde gut gefüttert und regelmäßig ausgeführt werden, so ist es in der Regel doch der Mangel an sozialer Interaktion und an geistigen Anreizen, der den Hunden Probleme macht.

Der Trainingsplan in diesem Buch ist auf extrem kurze Sitzungen ausgelegt, die auch in einer Zwingerumgebung gut umzusetzen sind. Man kann sie sogar noch kürzer gestalten - Ziel ist immer, Ruhe zu bestärken und Fokus zu erhöhen. Wenn ein Hund diese wichtigen Fähigkeiten lernt, kann das für ihn wirklich einen großen Unterschied bedeuten.

Die resultierenden Probleme haben ihre Wurzel oft in Frustration, können aber auch zu ängstlichen Hunden führen. Häufige, frustrationsbedingte Probleme in Zwingeranlagen sind:

- Begrenzungsfrustration. Dazu gehören Zaunlaufen, Bellen, frustrierte aggressive Drohungen beim Anblick fremder Hunde, fremder und manchmal auch bekannter Menschen.
- Übererregung beim Aufnehmen einer Interaktion. Das kann Hochspringen sein, aber auch Reaktivität bei Annäherung, Fassen mit den Zähnen, an den Kleidern ziehen oder Bellen. All dies macht es Hunden schwierig, von neuen Besitzern ausgesucht zu werden.
- Unerwünschte Vokalisation in Form von Bellen, Heulen und Winseln, meist gesteigert bei der Präsentation von Hunden oder Menschen und oft eskalierend bis hin zu aggressiv klingenden Vokalisationen.
- Zerstörung von Spielsachen, Hundebetten, Decken etc.

Zu den häufigen angstbasierten Problemen in Zwingeranlagen gehören:

- Rückzug von Menschen oder anderen Hunden, grundsätzliches Meideverhalten, leider oft vom Personal unbemerkt.
- Appetitverlust
- Geduckte, ängstliche Bewegungen, manchmal Verstecken vor fremden Menschen
- Aggressionen gegenüber neuen oder bekannten Menschen oder Hunden
- Bewachen und Verteidigen von Raum, Ressourcen oder Futter.

Wenn man Zwingerhunden in sauberer, stressfreier Umgebung Verhalten beibringt, die sowohl entspannend als auch belohnend wirken, machen wir damit einen großen Unterschied aus. Diese Art des Lernens verstärkt erwünschtes Verhalten und verhilft zu einer allgemein positiveren Perspektive.

Manche Hunde leiden sehr, wenn sie in einem Zwinger sein müssen.

ETWAS AUSPROBIEREN ...

Binden Sie einen Clicker an den Zwinger, wo Personal, Helfer oder evtl. auch Besucher vorbeigehen. Klipsen Sie außen an den Zwinger eine Tupperbox mit der Trockenfutterration des Hundes. Entwerfen Sie ein Schild mit einer der Haltungen und drucken Sie es aus, zum Beispiel: „Clicken Sie und werfen Sie ein Stück Futter in den Zwinger, wenn Cassie so liegt."

Mit dieser Art von Training bieten wir dem Hund beständig Anreize und belohnen angemessenes Verhalten. Außerdem lernen die Hunde so, welche Haltungen in Gegenwart vom Menschen am angebrachtesten sind. Bei ängstlichen Hunden belohnen Sie sanfte Blicke, Wegschauen, Hinlegen oder Pfoteheben. Setzen Sie eine Beschreibung, ein Foto und eine Erklärung auf den Ausdruck (im Anhang finden Sie ein paar Beispiele).

Wenn Sie den Hunden beibringen, sich zu setzen, sobald Menschen am Zwinger vorbeigehen (s. Tipps für Hunde in Quarantäne oder Zwingerhaft unten), können Sie die Frustration und die damit einhergehenden Probleme drastisch senken. Das gilt auch für Tierheime – und dieses Verhalten kann die Chance, dass sich Besucher für einen Hund interessieren, drastisch erhöhen.

Eine schöne und spannende Herausforderung für Tierheimleiter wäre zum Beispiel, dass sie jedem ihrer Angestellten auftragen, einem bestimmten Hund einen Trick beizubringen, den er ausführt, sobald er einen Menschen sieht. Das Kontextsignal für den Trick wäre also der Mensch, der den Zwinger betritt. Ich bin ziemlich sicher, dass der Jack Russell Terrier, der potenzielle Neubesitzer mit einem Pfotenwinken begrüßt, bessere Vermittlungschancen hat als derjenige, der bei jedem vorbeigehenden Besucher bellt!

NACH EINER OPERATION

Wie hält man einen sieben Monate alten Vizsla davon ab, sich viel zu bewegen? Solch schwierige Fragen stellen sich nur zu oft, weil das körperliche Wohlergehen des Patienten aus Sicht des Tierarztes ganz klar Priorität hat. Fido davon abzuhalten, seine Nähte anzuknabbern oder aufs und vom Sofa zu springen, wenn er nicht spazieren gehen darf, kann aber äußerst schwierig sein!

Wenn Hunde eine Operation hinter sich haben, und sei es nur eine simple Kastration, sind schnell frustriert, wenn sie ihre gewohnte Bewegung nicht mehr bekommen. Das hat viel mit Erwartungshaltung zu tun. Hunde gewöhnen sich daran, jeden Tag den Verbrauch einer bestimmten Energiemenge zu erwarten, und wenn das plötzlich nicht mehr gegeben ist, ist ein Gefühl der Frustration unausweichlich und verständlich. Fido wird nach einer anderen Möglichkeit suchen, seine Energie loszuwerden – im Garten herumflitzen oder ein Paar Schuhe zerkauen. Dogyoga-Übungen sind perfekt für Hunde, die nach einer Operation „Boxenruhe" halten müssen. Die Dehnungen und Aktionen erfordern Muskelkontrolle und trainieren den Hund auf eine grundlegende Art, ohne ihn aufzuregen oder ihn körperlich irgendwie zu überfordern oder etwas zu riskieren. Sie werden übrigens bemerken, dass auch diese kurzen Übungen Ihren Hund schön ermüden. Clickertraining fordert den Hund geistig so, dass er davon müde wird, während das Strecken und Halten der Positionen Muskelkontrolle und Heilung fördert.

Schauen Sie die Haltungen durch und entscheiden, welche Sie Ihrem Hund beibringen möchten. Am besten zeigen Sie sie Ihrem Tierarzt und lassen sich bestätigen, dass damit keine geschädigten Körperpartien überlastet werden können. Die beste Methode, um festzustellen, ob eine Haltung ihm bequem ist

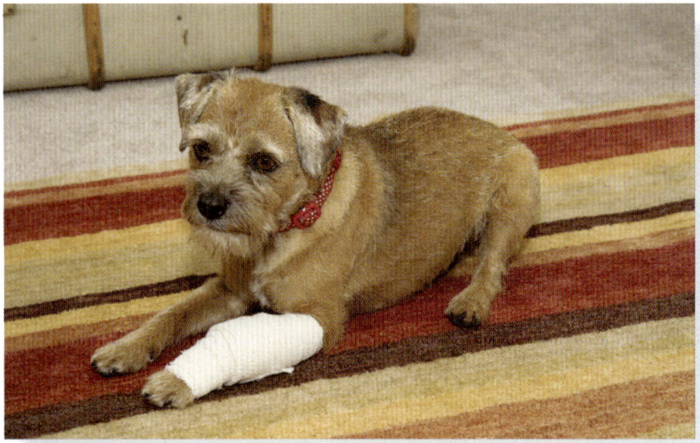

Dogyoga kann Hunden nach einer Operation helfen.

oder nicht, ist aber, den Hund zu beobachten. Schauen Sie, ob er sich bereitwillig in die Position begibt und dass es keine Anzeichen für Stress oder Unwohlsein gibt. Wenn Ihr Hund nach einer Operation mit einer bestimmten Haltung Schwierigkeiten hat, lassen Sie diese am besten weg und probieren stattdessen eine andere.

ISOLATIONSZWINGER UND QUARANTÄNE

Leider müssen Hunde oder Welpen manchmal wegen einer Krankheit wie Parvovirose oder weil sie für potenziell gefährlich erklärt wurden vorübergehend in einen Isolationszwinger. Was zu den traurigsten Fällen gehört, die ich je gesehen habe. Ohne jegliche Interaktion mit Menschen oder Hunden, wenig oder keinem Körperkontakt und kaum geistigen, geschweige denn körperlichen Anreizen, leiden diese armen Hunde unsägliche Qualen. Dazu möchte ich übrigens anmerken, dass es meiner Meinung nach keine Umstände gibt, die eine Isolationshaft rechtfertigen. In einer solchen Situation finde ich Einschläfern gnädiger. Ich habe erlebt, dass frustrierte Bullterrier buchstäblich die Zäune hochkletterten, bellten, knurrten und sich selbst an dem Draht verletzten, der die Grenze zwischen ihnen und der „echten" Welt markierte. Diese Art von Folter wird beim Menschen nur bei den furchtbarsten Verbrechen wie Vergewaltigung und Mord angewendet. Es gibt einfach keine Hunde, die verdient hätten, unter solchen Umständen zu leben.

In Situationen, in denen Hunde aufgrund der Angst vor Ausbreitung von Krankheiten oder wegen Gerichtsverfahren lange Zeit weggesperrt werden müssen, sollten sie die Möglichkeit bekommen, Kontakt zu Menschen zu haben und ihre eigene Umgebung beeinflussen zu können. Sie können einen Hund mit den oben beschriebenen Methoden trainieren, ohne ihn durch die Gitterstäbe des Zwingers hindurch anfassen zu müssen. Da uns die Methode des Formens zur Verfügung steht, gibt es keinen Grund dafür, warum stundenlang in den Zwinger eingesperrte Hunde nicht

Dogyoga kann in Zwangsisolation lebenden Hunden helfen, die so sehr benötigten geistigen Anreize zu bekommen.

wenigstens ein bisschen beschäftigt werden können. Das führt zu einer positiveren Verbindung zur Außenwelt und der Hund lernt wichtige Lektionen, die ihm dabei helfen, gute Entscheidungen zu treffen, besser mit seiner Situation zurechtzukommen und Frustration zu vermeiden.

Bei manchen Hunden ist aber schon der Vorgang des „Aufladens" des Clickers zu viel (wiederholt clicken und füttern, damit der Click später das Futter ankündigt). Bei solchen Hunden können schon der Blickkontakt oder allein nur die Anwesenheit der Person Frustration oder Angst auslösen. Wie meistens bei Frustration oder Angst ist Distanz der Schlüssel. Dazu müssen wir verstehen, dass der ideale Trainingsort für den Hund oft weiter von uns entfernt sein kann, als wir denken. Im Kapitel über die Lernumgebung haben wir schon besprochen, dass Stress und Spannung vor dem Training reduziert werden müssen. Beobachten Sie genau, wie weit Sie vom Hund wegbleiben müssen. Wenn er bellt oder knurrt, Beschwichtigungs- oder Meideverhalten zeigt, nicht fressen, zuhören oder mitmachen kann, müssen Sie als erstes die Distanz zu ihm vergrößern. Wie viel, ist vom jeweiligen Hund abhängig. Wir müssen unseren Hunden beim Lernen ein Mitspracherecht geben!

Distanz ist also der erste Schritt: Wir bewegen uns weg, bis der Hund Bereitschaft zum Mitmachen signalisiert. Manche Hunde machen einen Schritt nach vorn auf uns zu, um mitzuteilen „weit genug". Hunde sprechen die ganze Zeit über – hören Sie gut zu! Unter diesen besonderen Umständen müssen wir auch unser Training anpassen und genauer auf Signale dafür achten, dass der Hund nicht mehr mitmachen möchte oder nicht zurechtkommt. Außerdem ist es extrem wichtig, erwünschtes Verhalten in dieser unnatürlichen Umgebung zu belohnen. Sie können das leicht tun und sich in den ersten Sitzungen auf sehr einfache und langsame Haltungen wir Sitz, Platz und Steh konzentrieren. Markieren und belohnen Sie während dieses Lernprozesses Fokus, Mitmachen und einen sanften Blick, besonders, wenn Sie am Aufbau von Dauer und Geduld arbeiten. Formen Sie ritualisierte Vokalisationen wieder heraus, was allerdings zu viel auf einmal verlangt ist, wenn der Hund oft bellt. Gehen Sie dann noch kleinschrittiger vor und clicken vielleicht nur Mikrosekunden ruhigen oder ruhigeren Verhaltens, Blickkontakts, Aufmerksamkeit oder Senken des Blicks.

Lange im Zwinger eingesperrten Hunden kann die Anwesenheit von Menschen viel Frustration bereiten. Arbeiten Sie mit Gegenkonditionierung und belohnen Sie angemessenes Verhalten in diesem Kontext. Dazu können Sie einfach vor dem Zwinger erscheinen, markieren und belohnen und wieder weggehen. Wiederholen Sie dies und fügen dann ein „Sitz" in die Ritualkette mit ein. Treten Sie vor den Zwinger, verlangen Sie „Sitz", markieren und belohnen Sie, gehen Sie weg und wiederholen anschließend. Wenn Sie das oft geübt haben, können Sie beginnen, den Click zurückzuhalten und das Sitz nicht zu verlangen. Gehen Sie einfach vor den Zwinger und warten, ob sich der Hund von sich aus hinsetzt. Wiederholen Sie dies, üben es auch mit den anderen Hunden in der Anlage und beziehen andere Personen mit ein, damit der Hund lernt, das Verhalten zu generalisieren.

Frustration ist erstaunlich ansteckend. Sie breitet sich wie ein Buschfeuer von einem Hund zum nächsten und vom Hund zum Menschen aus. Arbeiten Sie deshalb mit den am stärksten frustrierten Hunden der Anlage zuerst. Es gibt nichts Besseres, als an einer Reihe ruhiger, entspannter Hunde entlang zu gehen, die erwartungsfroh herkommen, um Menschen zu begrüßen und sich dazu ruhig hinsetzen.

PROBLEMHUNDE ODER HUNDEPROBLEME

Lange dachten Trainer und Verhaltenstherapeuten, dass Hunde, die Problemverhalten zeigen, uns damit herausfordern möchten. Diese alte und unlogische Theorie fußt auf der übermäßig vereinfachten Vorstellung einer vermeintlichen linearen Hierarchiestruktur bei Wölfen und führte zur Entstehung einer ganzen Industrie, die mit Angst und Schmerzen arbeitet, um Hunde zur so genannten „Unterordnung" zu zwingen.

Heutzutage wissen qualifizierte Verhaltensexperten, dass ein Problem nur für jemanden ein Problem ist, der es als solches empfindet. Wenn zum Beispiel ein Hund fremde Menschen vor der Haustür anbellt, mag der eine das problematisch und der andere das beruhigend finden. Ein fremde Besucher anbellender Hund ist also nur dann ein Problem, wenn der Halter es als solches definiert. Ich spreche deshalb lieber von Hundeproblemen als von Problemhunden.

Meiner Meinung nach wird der Großteil von Problemverhalten von einer Gefühlsreaktion auf eine spezifische Situation oder von spezifischen Umständen ausgelöst. Wenn uns ein Hund als „problematisch" vorgestellt wird, überprüfen wir als Erstes, ob der Tierarzt in Sachen Gesundheit grünes Licht gegeben hat. Schmerzen sowie körperliche und neurologische Anomalien haben einen so großen Einfluss auf das Verhalten, dass dies unbedingt abgeklärt werden muss, bevor irgendein Training oder eine Verhaltensmodifikation in Betracht gezogen werden.

Wenn ein Hund körperlich gesund ist, aber anomale Verhaltensweisen zeigt, sind diese meiner Meinung nach so gut wie immer das Ergebnis von entweder Angst oder Frustration oder aus einer Kombination von beidem.

Vereinfacht kann man sich Angst und Frustration so vorstellen: Angst ist, etwas zu haben, das man nicht möchte, und Frustration ist, etwas nicht zu haben, das man möchte.
So betrachtet ist es vollkommen natürlich, dass angstbedingte Verhalten normalerweise

Wie definiert man problematisches oder herausforderndes, drohendes Verhalten? Ella im Auto.

zu einer Vergrößerung der Distanz führen: Der Hund tut alles Mögliche, damit die Sache, vor der er Angst hat, weiter von ihm weg kommt. Demnach würde ein frustrierter Hund danach streben, das Objekt der Frustration näher an sich heranzubringen. Es ist aber wichtig zu wissen, dass genau dies nicht der Fall ist. Auch Frustration erhöht die Distanz zwischen Hund und Auslöser, weshalb es für den durchschnittlichen Hundehalter schwierig zu erkennen sein kann, ob ein Hund ängstlich oder frustriert ist, sofern er nur die Änderung des Verhaltens in Bezug auf den Auslöser betrachtet. Wenn ein Auslöser häufig zu Frustration führt, wird der Hund versuchen, sich selbst von ihm zu entfernen (Meiden) oder den Auslöser zum Verschwinden zu bringen (Beschwichtigung). Was bedeutet, dass das Verhalten eines ängstlichen Hundes für den Besitzer dem eines frustrierten Hundes sehr ähneln kann. So gesehen sagt uns schon der gesunde Menschenverstand, dass wir in beiden Fällen den Prozess verlangsamen und uns das Verhalten gegenüber einem Auslöser genau ansehen müssen, um zu das funktionale Ziel im jeweiligen Kontext zu verstehen, also zu schauen, welcher Funktion die Reaktion auf einen Auslöser dient. Damit können wir beobachten, dass sowohl Angst als auch Frustration gegenüber einem Auslöser zu Verhalten führen, die der Eliminierung des Auslösers dienen sollen.

Um der Entstehung von Angst und Frustration vorzubeugen müssen wir danach streben, den Hund jederzeit unter seiner Reizschwelle zu halten. Das bedeutet, wenn wir mit dem Auslöser der Angst oder Frustration arbeiten, müssen wir immer auf genügend Distanz achten, damit der Hund sich wohlfühlt! Das ist möglich – und Dogyoga kann sehr dabei helfen, Angst und Frustration sowohl allgemein als auch in Bezug auf einen Auslöser zu reduzieren. Der Schlüssel ist, dass wir unseren Hunden in Alltagssituationen dazu verhelfen, die richtigen Entscheidungen zu treffen. Das ist etwas anderes als das befehlsbasierte Hundetraining und zielt eher darauf, dem Hund zu zeigen, was er tun soll und dann seine Entscheidung zu belohnen. Das Training ängstlicher und frustrierter Hunde sollte demnach nicht vom Menschen, sondern vom Hund geleitet werden!

FRUSTRATION

URSACHEN

Frustriertes Verhalten dient meistens dazu, Energie abzubauen. Diese Energie müssen wir bedenken, wenn wir nach den Gründen für die Frustration suchen. Sie entsteht, wenn eine Erwartung nicht erfüllt wird. Ein Hund baut aktiv Energie für eine Situation auf, die dann nicht eintritt. Das Wort Frustration kommt vom Lateinischen frustratio, Enttäuschung.

Frustration hat natürlich auch körperliche Folgen, aber uns interessiert hier das Gefühl, die Emotion. Die Hundeverhaltensforschung hat sich eine ganze Zeit lang um den Themenkomplex „Gefühle bei Hunden" herumgedrückt. Die Wissenschaftler fühlten sich auf sichererem Boden, wenn sie nur betrachteten, was aus der „Black Box" herauskam, anstatt zu spekulieren, was hineinging. Unsere Möglichkeiten zur wissenschaftlichen Erforschung von Gehirnaktivität und Hormonausschüttung bei Hunden haben sich aber genau wie unsere Trainingsmethoden verbessert und es sieht so aus, als sei man nun endlich in der Lage, die kognitive und emotionale Seite der Hunde freier zu betrachten.

Natürlich braucht kein Hundehalter Kurvendiagramme und Datensätze, um zu beweisen, dass ein Hund sich geliebt fühlt, wenn er gestreichelt wird. Obwohl Studien interessanterweise tatsächlich nachgewiesen haben, wie Hunde Oxytocin ausschütten, wenn man sie streichelt und dass genau wie bei einem Menschen, der Liebe empfindet, der Nucleus caudatus im Gehirn aktiviert wird. Wenn Hunde also die gleichen Hormone ausschütten wie wir und in bestimmten Situationen die gleichen Gehirnbereiche aktivieren, heißt das dann auch, dass sie das Gleiche fühlen? Hunde haben genau wie Menschen Augen, und trotzdem sehen sie die Welt ganz anders. Meiner Meinung ist der Kernpunkt, dass man untersucht, inwiefern das Verhalten die Emotion wiederspiegelt. Was die Frustration betrifft, würde ich annehmen, dass Hunde sie hinsichtlich Gehirnfunktion, Hormonausschüt-

Unerwünschtes Verhalten kann ein Zeichen übermäßiger Energie oder Frustration sein.

tung und vor allem Gefühl ähnlich erleben wie wir. Ich schließe das aus ihren Verhaltensäußerungen in Kontexten mit Frustration.

Wenn ein Hund von einer Sache frustriert ist, äußert sich sein Verhalten ähnlich wie bei uns. Er möchte gerne etwas kaputtmachen und tut es häufig auch. Das muss nicht immer der Gegenstand der Frustration selbst sein, sondern kann auch ein Ersatzobjekt sein. Außerdem vokalisiert der Hund in langgezogenen, weinerlichen Tönen, genau wie wir. Er wird den Gegenstand lange anstarren und eine irritierte Körperhaltung annehmen, genau wie wir.

Stellen Sie sich zum Beispiel einen Hund vor, der sich mental auf das Spielen mit einem anderen Hund eingestellt hat, den er auf der anderen Straßenseite sieht. Er macht sich zum Spielen bereit: Er spannt seine Muskeln zum Loslaufen an und setzt Hormone wie etwa Adrenalin frei. Er befindet sich aber angeleint auf einer Straße, genau wie sein Kumpel. Er fühlt sich frustriert – er hat Energie und kann sie nicht loswerden. Was also geschieht mit dieser Energie?

Manche Hunde sind sehr gut darin, aus dieser Frustration wieder herauszukommen: Sie schütteln sich einfach, gehen weiter und akzeptieren, dass Enttäuschungen ein unvermeidlicher Bestandteil des Lebens sind. Andere nehmen das dagegen nicht so einfach hin. Wie ein Hund die ungenutzte Energie abbaut, hängt von sehr vielen Faktoren ab. Grundsätzlich erlebt aber jeder Hund im Alltagsleben stets ein gewisses Maß an Frustration. Wenn man so möchte, ist die Ursache für Frustration immer Erwartung. Das sollten wir bei der Welpenaufzucht bedenken, um zu verstehen, dass Enttäuschungen unvermeidlich sind und dass Erwartungen realistisch sein müssen.

Bestimmte Umgebungen und Situationen verursachen besonders häufig Frustration:

- Nicht genug Bewegung
- Nicht genug mentale Anreize.
- Nicht genug soziale Anreize.
- Spiele ohne Belohnungsfaktor. Das beste Beispiel hierfür ist das Spielen mit einem so genannten Boomer Ball, einem massiven Hartplastikball, die der Hund jagt und jagt, aber nicht fassen und aufheben kann, weil er seine Zähne nicht hineindrücken kann.
- Futter in Sicht-, aber außerhalb Reichweite.
- In Gegenwart anderer Hunde angeleint zu sein, wenn sonst normalerweise freies Spielen angesagt ist.
- Ein Zaun/eine Begrenzung zwischen dem Hund und etwas Interessantem.
- Kleine, schnelle Tiere wie z.B. Eichhörnchen, die der Hund nicht fangen kann.

Und natürlich ist für viele Hunde auch einfach nur das Stillsitzenmüssen frustrierend!

SYMPTOME DER FRUSTRATION

Wie schon gesagt ist Frustration ein Teil des Lebens. Sie ist einfach nur ein weiterer Stressfaktor und es ist uns nun einmal nicht möglich, jeden Stress von unseren Hunden fernzuhalten. Allerdings ist es schon unser Job, zu versuchen, unserem Hund einen guten Umgang mit dieser Art von „normalem“ Stress zu ermöglichen. Wir können z.B. die Umgebung managen, um solchen Stress zu reduzieren, aber genauso wichtig ist es, Hunden beizubringen, mit ihren eigenen Gefühlen umzugehen.

Wie schon gesagt ähnelt das Verhalten von Hunden bei Frustration unserem eigenen. Stresssignale (Naselecken, Kopf wegdrehen, Hecheln, Pföteln, Knurren oder sogar Beißen), Dinge zerstören (aktiv auf das Objekt der Frustration oder ein Ersatzobjekt gerichtet), Bewegung und Gewichtsverlagerung nach vorn, fixierendes Verhalten (Starren, harter Blick, Unfähigkeit, vom Auslöser wegzuschauen oder davon wegzugehen), unbeabsichtigte Selbstverletzung und sich steigernde Erregung sind alles typische Symptome für Frustration. Manche Besitzer beschreiben Ihre Hunde als „verärgert" oder „er sieht rot".

HÄUFIGE FOLGEPROBLEME

Es gibt viele Probleme, die ihre Ursache in Frustration haben. Dazu gehören

- Zerstörungswut
- Trennungsangst
- Unerwünschtes Bellen
- Aufmerksamkeitsforderndes Verhalten
- Jagen von Autos, Fahrrädern oder Kindern
- Hund-zu-Hund-Aggression
- Aggression gegen Menschen

Körperlich gesehen ist zu viel Stress ungesund, aber von der Verhaltensperspektive aus betrachtet würde ich sagen, dass frustrationsbedingte Probleme einer der häufigsten Gründe dafür sind, warum Hunde abgegeben werden.

ANGST

SYMPTOME DER ANGST

Angst ist meiner Erfahrung nach einer der am meisten missverstandenen und häufigsten Gründe für Verhaltensprobleme bei Hunden. Angst ist definiert als das Gefühl einer Bedrohung. Genau wie bei der Frustration finde ich es am zielführendsten, sich die Verhaltensäußerung anzusehen, wenn wir einem Hund helfen möchten.
Angst ist eine unglaublich wichtige Verhaltensadaption, und sie ist sinnvoll. Hätten Hunde keine Angst, würden sie von anderen Tieren gefressen, von Autos überfahren und von Menschen getötet werden. Oft wird ein Hund aber durch ein Trauma, die Unwissenheit seines Besitzers oder mangelnde Vertrautheit mit etwas Alltäglichem ängstlich. Auch hier hilft uns die Vorstellung von der aufgestauten Energie. Wie bei der Frustration baut sich auch bei Angst Energie im Hund auf, die er dann für Verhalten einsetzt, die seiner Meinung nach die Bedrohung verringern können. Diese Verhalten sind grob gesagt entweder meidend (Flucht, Verstecken etc.), distanzvergrößernd (Raummanagement, Bellen, Knurren, vorspringen, Beißen) oder manchmal, wenn der Hund sich vor keine andere Wahl gestellt sind, auch konfrontierend (Kampf). All diese Verhalten sind nichts anderes als der Versuch, die Bedrohung zu verringern, indem man entweder Distanz zu ihr gewinnt oder sie beseitigt. Aggression wirkt auf den Hundebesitzer zwar erschreckend, aber es ist wichtig, ihre Funktion im Zusammenhang mit Angst zu erkennen. Hunde sind emotional komplexe und sensible Wesen, denen nichts anderes übrig bleibt, als in unserer zivilisierten Welt zu leben. Es ist unsere Verantwortung, ihnen beim Verstehen dieser Welt zu helfen, um damit auch das Vorkommen nur vermeintlich empfundener Bedrohungen zu verringern.

Die Verhaltensäußerung dieser Art von Stress beginnt mit Distanzvergrößerung (wo möglich), wozu Wegrennen, Verstecken und Ducken, Beschwichtigung und passive suggestive Kommunikationssignale wie Gähnen, Wegschauen, Naselecken oder Pfoteheben gehören, sowie aktivere Kommunikationssignale wie Bellen, Knurren und Beißen.

HÄUFIGE FOLGEPROBLEME

Es gibt viele Probleme, die als Ergebnis von Angst auftreten, unter anderem (aber nicht ausschließlich):

- Generalisierte Angst
- Angst vor neuen Dingen (Neophobie)
- Zurückziehen bei Druck
- Verstecken vor Auslösern
- Erheblicher Stress gegenüber Auslösern
- Unerwünschtes Bellen
- Aggression gegen fremde Menschen
- Aggression gegen fremde Hunde
- Aggression gegenüber allen Menschen
- Aggression gegenüber allen Hunden

ANGST UND FRUSTRATION MIT DOGYOGA VERRINGERN

Es gibt viele Probleme, die als Ergebnis von Angst auftreten, unter anderem (aber nicht ausschließlich):

- Generalisierte Angst
- Angst vor neuen Dingen (Neophobie)
- Zurückziehen bei Druck
- Verstecken vor Auslösern
- Erheblicher Stress gegenüber Auslösern
- Unerwünschtes Bellen
- Aggression gegen fremde Menschen
- Aggression gegen fremde Hunde
- Aggression gegenüber allen Menschen
- Aggression gegenüber allen Hunden

Angst ist eine der am häufigsten unerkannten Ursachen für Verhaltensprobleme bei Hunden.

DIE BEDEUTUNG DER REIZSCHWELLE

Die Reizschwelle ist in diesem Zusammenhang einfach der Abstand (räumlich oder quantitativ) zu einem Auslöser, bis zu dem noch normales Verhalten gezeigt werden kann. Einer der Hauptgründe dafür, warum man bei ängstlichen und frustrierten Hunden immer die Hilfe eines Profis in Anspruch nehmen sollte, ist, dass die emotionale Reizschwelle eines Hundes in Bezug auf einen Auslöser sich andauernd verändert, was manchmal schwer zu bemerken ist.

Der Auslöser für distanzvergrößerndes Verhalten (sei dies Meiden, Beschwichtigen oder Konflikt) verringert sich mit der Entfernung. Es gibt auch noch andere Faktoren, die die Intensität eines Auslösers beeinflussen, aber Distanz ist oft die einfachste und erfolgreichste Arbeitsvariable. Je intensiver ein Auslöser erscheint, d.h. je frustrierender oder angsteinflößender er ist, desto mehr Distanz muss ein Hund zu ihm bekommen, bevor er sich selbst körperlich regulieren kann und sich normal genug fühlen kann, um etwas zu lernen.

Wir können Einiges tun, um einem Hund zu helfen, der bei Konfrontation mit bestimmten Dingen oder Situationen unangenehme Gefühlsreaktionen zeigt:

- Verhalten und Techniken in einer aufgeräumten Umgebung ohne Auslöser trainieren, bevor der Auslöser hinzukommt
- Diese Verhalten mit Hörzeichen koppeln, sodass wir den Hund bitten können, auch in schwieriger Umgebung mitzumachen. Das macht klar, was belohnend ist. Erst wenn ein Hund versteht, was eine Belohnung auslöst, können wir ihm die Freiheit geben, sich für oder gegen das Mitmachen zu entscheiden.
- Achten Sie sehr genau darauf, welche Distanz ein Hund zu einem Auslöser benötigt, bevor er sich in der Lage fühlt, erlernte Verhalten zu üben. Fassen Sie eine Verweigerung zur Mitarbeit als ein Zeichen inneren Kampfes auf, nicht als persönlichen Angriff.
- Bei der Arbeit mit frustrierten oder ängstlichen Hunden muss alles langsamer gehen. Nichtstun heißt nicht, nichts zu tun – es ist Informationsverarbeitung. Wenn ein Hund Zeit zum Schauen, Hören, Riechen oder Nachdenken braucht, geben Sie sie ihm. Dies ist ebenso ein Teil des Lernprozesses wie das Mitmachen bei schon erlerntem Verhalten.

Nochmals ganz deutlich: Bei der Arbeit mit ängstlichen oder frustrierten Hunden ist wichtig, dass diese niemals distanzvergrößerndes Verhalten zeigen. Ist das der Fall, z.B. durch Meide-, Flucht- oder Konfliktverhalten, arbeiten wir oberhalb der Reizschwelle. Und da es hier um die Partnerschaft von Hund und Mensch geht, bedeutet ein Hund oberhalb der Reizschwelle auch einen Menschen oberhalb der Reizschwelle und umgekehrt.

WAS KÖNNEN WIR TUN, WENN EIN HUND ZU VIEL FRUSTRATION ODER ANGST EMPFINDET?

1. Wir können akzeptieren, dass es zu viele normale Dinge gibt, die als Auslöser für Frustration oder Angst bei diesem speziellen Hund fungieren und dass das alltägliche Leben für ihn unangenehm ist. In solchen Fällen müssen wir schauen, ob wir ihn in ein anderes Zuhause mit weniger Auslösern vermitteln können oder ob Euthanasie die bessere Lösung ist.
2. Wir können die Umwelt managen, um Reize zu reduzieren, die Frustration oder Angst auslösen können – z.B. bei angeleinten Spaziergängen anderen Hunden aus dem

Weg gehen oder den Hund in ein Zimmer sperren, wenn die Kinder im Garten Fangen spielen.
3. Wir können über die Zeit daran arbeiten, die emotionale Reaktion des Hundes auf angst- oder frustrationsauslösende Reize, die er im Alltag erlebt, zu verändern. Das kann durch ein Training zur Verhaltensänderung, Gegenkonditionierung, Desensibilisierung und ähnliche funktionale Belohnungsprogramme geschehen, die dem Hund beibringen, dass ruhige und kommunikative Verhalten ihm das einbringen, was er möchte und dass der Auslöser weder furchteinflößend noch frustrierend ist.
4. Wir können unseren Hunden beibringen, ihre Gefühle angemessen zu managen und Haltungen, Ausdrücke und Aktionen dazu zu nutzen, sich selbst zu de-eskalieren, um Aufregung und unerwünschte Energie zu reduzieren.

Alle vier obigen Herangehensweisen können vollkommen angemessen sein, wobei ich aber sagen würde, dass in der großen Mehrheit der Fälle eine Kombination aus 2,3 und 4 den besten Effekt erzielt.

BEHANDLUNG

Meiner Meinung nach können Angst und Frustration mit Dogyoga stark verringert werden – nicht nur, weil es ablenkt, sondern als ein Weg des aktiven Bestärkens und Lehrens von Deeskalationstechniken. Einem frustrierten oder verängstigten Hund beizubringen, wie er sich selbst in stressigen Situationen beruhigen kann, führt zu verbesserter Verarbeitung. Damit kann er in eine Umgebung eintreten, die er sonst als bedrohlich oder aufregend empfunden hätte und rationaler analysieren, was funktional sein wird. So kann Alfie zum Beispiel lernen, sich selbst zu beruhigen, wenn er einen anderen Hund sieht und seine Aufregung niedrig halten. Damit bleibt er fähig, das Verhalten des entgegenkommenden Hundes zu verarbeiten und bessere Entscheidungen zu treffen – ohne die Aufregung, die schnell zu eskalierenden Reaktionen führt.

Eine Reihe von deeskalierenden Haltungen, Ausdrücken und Aktionen unter Signal zu stellen und sie dann in Anwesenheit von frustrations- oder angstauslösenden Objekten zu verstärken verbessert erheblich die Fähigkeit eines Hundes zur Deeskalation unter schwierigen Umweltbedingungen und gegenüber Objekten, die wir nicht kontrollieren können. Wir können außerdem auch einfach durch das Üben von Dogyoga die Impulskontrolle verbessern und allgemein Frustration und Angst reduzieren. Ruhe und Stillhalten werden verstärkt, Vertrauen und Zusammenarbeit mit dem Menschen gefördert.

WIE GENAU FUNKTIONIERT ES?

Neben den regelmäßigen täglichen Dogyoga-Übungen, mit denen wir sicherstellen, dass unsere Hunde geistig gefördert und für erwünschte Entscheidungen belohnt werden, können wir auch unter eigenes Signal gestellte, bestimmte Sequenzen zur Deeskalation nutzen. Diese (unten ausgeführte) Deeskalationssequenz kann auf zweierlei Art verwendet werden, um Frustrations- und Angstverhalten vorzubeugen und auch zu modifizieren.

Der erste Tipp ist, die Sequenz deshalb zu üben, damit der Hund gar nicht erst in erregtem Zustand in eine Situation hineingerät. Ein gutes Beispiel dafür ist ein Hund mit Leinenaggression. Wenn sich erst einmal durch wiederholte Frustrations-oder Angsterlebnisse an der Leine ein ritualisiertes Verhalten etabliert hat, verursachen unabhängig vom Auslöser (Fahrräder, Autos, andere Hunde) ankündigende Ereignisse schon vorab einen Anstieg der Erregung: Wenn Alfie (der von anderen Hunden frustriert ist) spazieren geht, steigt sein Energieniveau schon an, bevor er aus der Tür geht. Ankündigende Hinweise wie Schuhe anziehen, Leine nehmen etc. sagen ihm, dass er gleich in einen Kontext gerät, in dem Frustration wahrscheinlich ist. Seine Erwartung bewirkt, dass er schon frustriertes Verhalten zeigt, bevor er noch aus dem Haus geht. Bellen, Drängeln, Muskelanspannung und erhöhte Energie (die auch Antwort auf die Auslöser ist) werden, wenn auch auf niedrigerem Niveau, schon gezeigt, bevor er überhaupt aus dem Haus ist!

Manche Trainer raten ihren Kunden, die Routine (Schuhe anziehen, Leine nehmen etc.) zu verändern oder durchzuführen, ohne danach wirklich spazieren zu gehen. Ich persönlich finde diese Art von unpraktischen Methoden schwer vernünftig durchzuführen. Außerdem haben sie wenig tatsächliche Wirkung auf Hunde sind sich unserer wahren Absicht nämlich sehr bewusst. Ja – Sie wissen meistens ganz genau, wann wir sie austricksen wollen! Mit der Deeskalationssequenz dagegen können wir die Energie des Hundes senken, bevor er aus dem Haus geht (oder im Fall von Trennungsangst – bevor er alleingelassen wird). Er geht dann bereits in niedrigerem Erregungszustand in die Situation. Wir können dies wiederholen, bevor frustrierte Leinenrüpel die Hundewiese betreten, bevor frustrierte Agilityhunde in den Ring gehen oder bevor gespannte Sporthunde auf ihr Signal zum Loslegen warten. Als extrem nützlich hat sich dies zum Beispiel bei Flyball-Hunden erwiesen, die von anderen laufenden Teams vor dem Start abgelenkt werden und dadurch während des Wartens nicht mehr aufmerksam sind. Ebenso hilfreich ist es bei ängstlichen Hunden, bevor man mit ihnen eine belebte Straße oder einen Raum mit anderen Menschen oder Hunden betritt. Wir können in solchen Situationen auch aktive Deeskalation markieren und belohnen, indem wir zum Beispiel Schütteln, Gähnen, Schnüffeln am Boden und alles andere clicken, das zur Entschärfung und Deeskalation beiträgt.

Die zweite Art und Weise, wie wir Dogyoga einsetzen können, ist, den Hund eine Reihe zuvor erlernter Deeskalations-Haltungen in Anwesenheit eines Auslösers zeigen zu lassen – aber immer unterhalb der Reizschwelle. Das erfordert unbedingt die Unterstützung eines Profis, weil eine ganz genaue Bestimmung der Reizschwelle nötig ist, damit garantiert ist, dass der Hund durch die Behandlung nicht noch weiter gestresst wird.

Die Reizschwelle, von der wir in diesen Fällen sprechen, bezieht sich auf die Fähigkeit des Hundes, Objekte der Frustration oder Angst zu tolerieren.

Um Ihnen ein persönliches Beispiel für den Einsatz dieser Behandlungsmethode zu geben, möchte ich nochmals auf meinen schrecklich frustrierten Pitbull zurückkommen. Gegenstände, die bei Archie große Frustration auslösten, waren zum Beispiel Stöckchen. Da er behördlich als sogenannter „Kampfhund" registriert ist, muss er auf Spaziergängen einen Maulkorb tragen, aber sein Bullterriererbe bedingt, dass er an kaum etwas mehr Spaß hat als daran, Dinge in seinem Maul herumzutragen. Vermutlich hatten seine ehemaligen Besitzer, bevor er den Maulkorb tragen musste (und vor meiner Zeit) mit ihm auf Spaziergängen viel Stöckchen gespielt.
Er fühlt sich von ihnen angezogen wie Motten vom Licht. Und weil er durch seinen Maulkorb nicht an sie herankam, lösten sie bei ihm große Frustration aus. Wenn er draußen ein Stöckchen sah, regte er sich sofort auf – er spannte die Muskeln an und stellte die Haare auf. Er winselte, stürzte sich auf das Stöckchen und versuchte, es durch seinen Maulkorb zu bekommen, bis ich ihn körperlich aus der Situation herausziehen musste. Das war

eine dieser Situationen, in der auch das beste Rückruftraining nicht zu helfen schien. Der Auslöser war aber natürlich nicht genug für mich, um über eine Neuvermittlung oder gar Euthanasie nachzudenken. Stöckchen komplett zu vermeiden wäre auch extrem schwierig, weil ich auf dem Land lebe. Also beschloss ich, stattdessen an seiner fixierten Frustration zu arbeiten.

Zuerst brachte ich Archie zuhause eine Reihe deeskalierender Haltungen bei und verkettete sie miteinander. Wenn wir unterwegs in die Nähe von Stellen kamen, an denen oft Stöckchen herumlagen, begann ich, vorher diese Sequenz mit ihm zu üben. Das reduzierte seine Stöckchen-Obsession (nur noch etwa ein Viertel der Stöckchen, die er sah, löste bei ihm eine Reaktion aus im Gegensatz zu etwa drei Vierteln vorher), räumte sie aber nicht ganz aus dem Weg.

Ich begann, diese Sequenz immer dann zu üben, sobald ich eine Veränderung an seinem Körper bemerkte. So blieb er unterhalb der Reizschwelle, wenn auch nur knapp. Er war sich des Auslösers bewusst, reagierte aber nicht auf das Stöckchen und seine Aufregung war nicht mehr so hoch, dass er nicht mehr in der Lage gewesen wäre, normales Verhalten zu zeigen oder auf mich zu achten. Nach ein paar Tagen Üben bemerkte ich, dass wir nicht nur viel näher an die Stöckchen herangehen konnten als früher, bevor seine Körpersprache sich änderte. Seine objektbezogene Frustration nahm deutlich ab. Er begann vielmehr nun auch, die Haltungen immer mehr von sich selbst aus zu üben und sich damit selbst zu beruhigen. Ich war überrascht zu sehen, dass Archie, wenn er die Wahl hatte, sich dazu entschied, ruhig zu bleiben und aktiv zu lernen, wie er seine eigene Aufregung senken konnte. Der Schlüssel zum Einsatz der Sequenz in der Gegenwart von Auslösern ist immer, die Hunde unter ihrer Reizschwelle zu halten. Herauszufinden, wo sich die Reizschwelle Ihres Hundes befindet, ist komplex und hängt grob gesagt von der Stärke und Position des Auslösers und dem empfundenen Wert der Belohnung ab sowie davon, wie gut geübt die Sequenz ist, von der Umwelt und der Kompetenz des Hundeführers oder von Dingen wie Temperatur, Licht und Schatten, der Wahrscheinlichkeit, dass weitere Auslöser in diesem Kontext auftreten können oder auch vom Geruch, der vom Auslöser, der Umgebung oder dem Hundeführer stammt. Deshalb sollten Halter unbedingt die Hilfe eines Profis in Anspruch nehmen, um zu lernen, wie sie diese Technik gefahrlos üben können – besonders, wenn die Frustration in der Vergangenheit schon zu intensiven Verhaltensreaktionen geführt hat.

ARCHIES DEESKALATIONSSEQUENZ

- Sitz
- Linke Vorderpfote heben
- Streck dich links
- Streck dich rechts
- Dreh dich links
- Dreh dich rechts
- Steh
- Streck dich links
- Streck dich rechts
- Rechte Pfote heben im Stehen
- Linke Pfote heben im Stehen
- Alle vier
- Schütteln
- Alle vier
- Gehen Sie jetzt auf den Auslöser zu.

Die Zusammensetzung der Sequenz hängt natürlich davon ab, was Ihr Hund zum Deeskalieren nutzt. Verschiedene Hunde haben verschiedene Sequenzen, mit denen sie sich selbst beruhigen können. Für Bullterrier Ralph zum Beispiel gibt es nichts Besseres, als seinen Stress durch Herumrollen auf dem Boden loszuwerden – also haben wir das Rollen in seine Deeskalationssequenz integriert. Um die richtigen Verhalten für Ihren Hund herauszufinden, müssen Sie also beobachten, wie er sich entspannt. Die Haltungen, Ausdrücke und Aktionen müssen welche sein, die er gerne übt, und so lange Sie unter der Reizschwelle bleiben, gibt es keinen Grund, warum Ihr Hund sich beim Üben mühen sollte.

„Sture", „dominante" oder „freche" Hunde, die nicht gehorchen

Ich kann ehrlich und guten Gewissens sagen, dass ich noch nie einen „sturen" Hund kennengelernt habe. Es gibt Hunde, die sich nur schwer konzentrieren können, Hunde, die das konventionelle Training als zu starken Druck empfinden und eine ganze Reihe emotionaler und körperlicher Gründe, die es schwierig machen, ein bestimmtes Kommando auszuführen.

Beim Dogyoga geht es um die Entwicklung eines physischen Dialogs zwischen Ihnen und Ihrem Hund. Clickertraining verbessert die Arbeitsmoral des Hundes, sein Wunsch zur Mitarbeit wird größer. Die Lernumgebung reduziert Ablenkungen, die spezifischen Kriterien sowie die Klarheit, wie und was Sie trainieren, stellen sicher, dass das Training Ihrem Hund leicht fällt, ihn ruhig bleiben lässt, nicht unter Druck setzt und ihm Spaß macht.

Versuchen Sie einmal Folgendes: Verbringen Sie drei Tage lang jeweils fünf Minuten im Yogaraum. Setzen Sie sich auf den Boden. Clicken und belohnen Sie jede der folgenden Handlungen: Der Hund kommt in den Raum, der Hund setzt sich zu Ihnen, er legt sich in Ihre Nähe, er schaut Sie an, er berührt Sie. Fünf Minuten drei Tage lang. Dann beginnen Sie, die Haltungen zu trainieren. Denken Sie daran, ruhig zu bleiben, die Aufmerksamkeitsspanne Ihres Hundes zu respektieren und immer einen Schritt zurückzugehen, wenn Ihr Hund aus dem Training aussteigen möchte.

Diese Aussteigen-Wollen ist ein Zeichen dafür, dass Ihr Hund Schwierigkeiten hat, und nicht dafür, dass er nicht gehorchen möchte. Absichtlicher Ungehorsam ist für einen Hund weder funktional noch adaptiv, weshalb ich ihn auch noch niemals gesehen habe. Schätzen Sie Ihren Hund dafür, dass er so ein wunderbar funktionales und soziales Lebewesen ist. Wenn ihm das Lernen schwerfällt, betrachten Sie zuerst die Umgebung, dann die Lektion, dann die Belohnung und dann sich selbst.

Haben Sie Freude an Ihrem Hund – er ist ein wunderbares Wesen.

ÜBER DIE AUTORIN

Jo-Rosie Haffenden ist Hundeverhaltenstherapeutin und führt ihr eigenes Hundeverhaltenszentrum in Sussex, England. Sie hat Human- und Hundepsychologie studiert und sich auf Aggressionen spezialisiert. Sie ist voll akkreditiertes Mitglied des Institute of Modern Dog Trainers (IMDT) und anerkannte Verhaltensexpertin für The Professional Pet Guild, der britischen Vereinigung für gewaltfreies Hundetraining und Hundeverhalten. Sie wird von verschiedenen Tierheimen als Verhaltensexpertin hinzugezogen und arbeitet außerdem als vereidigte Sachverständige für Gerichtsgutachten in Verfahren über gefährliche Hunde.

In ihrer Freizeit arbeitet sie mit ihren eigenen Hunden (einschließlich ihres befreiten Pitbull-Terriers) und ihrer Bengalkatze für Film und Fernsehen. Ihre Tiere traten bereits in Werbespots und TV-Serien in BBC, Channel 4 und ITV auf und kamen in den Zeitschriften Vogue, Cosmopolitan, Topshop und GQ vor.